U0122976

圖解漫畫
揭盡湊B苦與樂

荷花出版

圖解漫畫 揭盡湊B苦與樂

出版人：尤金

編務總監：林澄江

設計製作：周傑華、李孝儀、李榮樂

出版發行：荷花出版有限公司

電話：2811 4522

排版製作：荷花集團製作部

印刷：新世紀印刷實業有限公司

版次：2024年3月初版

定價：HK$99

國際書號：ISBN_978-988-8506-10-1

© 2024 EUGENE INTERNATIONAL LTD.

荷花出版
EUGENEGROUP

香港鰂魚涌華蘭路20號華蘭中心1902-04室
電話：2811 4522　圖文傳真：2565 0258
網址：www.eugenegroup.com.hk
電子郵件：admin@eugenegroup.com.hk

歷久不衰的漫畫

不少人都說，現今是影像時代，文字的功能漸漸退卻，取而代之的是影像。

影像指的是活動影片，包括真人真景拍攝或動畫拍攝。有些人現今已不看報章新聞，只需直接在手機一按掣，動畫新聞立即送上，一邊看影像、一邊聽旁述，不消三數分鐘，便可消化一段新聞，十分方便。無怪乎動畫新聞大行其道，反之紙上新聞漸漸式微。

除了動畫影像外，連聲音閱讀也有市場。聲音閱讀即是不需用眼睛閱讀文字，而是只需用耳朵聽就可以，因書本已有人「講」了出來，讀者可以隨時隨地，戴着耳筒聽，即可「閱讀」書本。

現今的閱讀方式，已不像過往般只靠文字，可以是影像，可以是聲音，當然還可以是漫畫。

一提起漫畫，自然會想起小朋友，因為小朋友愛看漫畫，但凡小朋友鍾愛的偶像，都是卡通人物便可見一斑。其實，漫畫不單止小朋友喜愛，連大人也愛看。在手機還未普及的年代，我們不難在地鐵車廂內，發現一些年輕人手執一冊漫畫書細看。及至手機普及了，這些漫畫迷轉移在手機看漫畫。

其實，縱使時代怎樣變，漫畫的生命仍沒有終止，只是擺放的平台轉變而已。很久以前，漫畫是以黑白印刷、小小的一本畫冊出版；及後改以彩色印刷，書度也比過往大一倍。在十多廿年前的漫畫盛世年代，有財力的漫畫公司，更以分流形式繪製漫畫，有些人只負責畫背景、有些人只塗顏色、有些人只畫人物造型等，分工仔細，可見漫畫無論怎樣變，它的生命力仍十分頑強，歷久不衰。

今天，愛看漫畫的人仍不少，就算我們出版育兒書，也不會忽略育兒漫畫書。本書以圖解式和漫畫式兩種手法，揭盡爸媽在湊 B 育兒的苦與樂。圖解式的十九篇，每格圖配以精簡文字描述，令讀者更易明白箇中內容；至於湊 B 劇場，則以故事形式，帶出湊 B 育兒的苦樂，有些更設有社工提點，讓家長掌握育兒技巧，十分值得參考。

目 錄

Part 1

MeadJohnson Nutrition **美贊臣**

A+ 智睿®

No.1

醫護推薦支持
免疫力及
腦部發展^

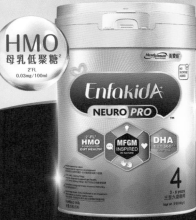

HMO
母乳低聚糖[2]
2'FL
0.03mg /100ml

EnfakidA+
NEURO PRO™

2'-FL/
HMO
POWERED FOR
GUT HEALTH

MFGM
INSPIRED
BY NATURE

DHA
腦部360°
SUPPORT

4
3 - 6 years
三至六歲適用

MFGM
母乳黃金膜®[1]
含 **100+**
母乳活性蛋白*

Part 2

湊 B 劇場

鳴謝以下專家為本書提供資料

陳香君 / 註冊社工

林瑞馨 / 註冊社工

歐陽俊明 / 註冊社工

王德玄 / 註冊社工

鄭繼池 / 註冊社工

廖李耀群 / 註冊社工

彭安瑜 / 註冊社工

容幗欣 / 註冊社工

郭筱文 / 註冊社工

黃邦莉 / 註冊社工

林小慧 / 育兒專家

Eva Cheung / 資深助產士及嬰兒按摩師

Friso 美素佳兒 荷蘭 原裝進口

荷蘭自家農場 自然安心

原乳免疫力量　　　　皇牌有機　　　　No.1 易消化
　　　　　　　　　　營養豐萃　　　　　　易吸收

Part 1
圖解湊B

本章以十三格插圖形式，講述湊 BB 時遇到的各種問題，
每幅插圖配上小段文字講解，令讀者更易明白。這裏共有
十九個題目，全都與媽媽爸爸與育兒有關。

母乳媽媽
有苦自己知

　　眾所周知，母乳對寶寶健康非常有益，但同時無可否認的是，選擇餵母乳，對媽媽的身心都是極大挑戰，絕對是一條不容易走的路。就讓我們來數算一下母乳媽媽的辛酸，藉此歌頌母親對孩子最無私的愛！

無休息時間

　　初生寶寶每次吃奶量不多，但吃奶次數頻密，且要喝夜奶，母乳媽媽可謂廿四小時候命。

姿勢不易學

　　新手媽媽初學餵哺母乳，原來還要講究姿態，才能讓寶寶舒舒服服喝奶。

追奶壓力大

　　為了增加奶量，為寶寶提供足夠「食糧」，媽媽既要勤於親餵，還要多吃多喝，壓力不小。

戒口禁忌多

　　懷孕期間要戒口的食物可不少，生產後以為就此解禁，誰知卻因餵母乳而要繼續戒口。

發炎痛難當

　　不少母乳媽媽都經歷過塞奶、乳腹炎之苦，不單止疼痛難當，同時擔心寶寶不夠奶喝，實在極度煩惱。

長輩不支持

　　許多長輩都認為喝母乳的寶寶較瘦，希望寶寶轉喝配方奶，令一心想寶寶吸收最佳營養的媽媽大為煩惱。

街餵被歧視

　　縱然香港近年開始主張母乳親善，但仍有不少人會帶有色眼鏡看餵哺母乳的媽媽，令其在公眾地方餵奶時感到尷尬。

上班揼奶難

　　要上班的母乳媽媽，或需於午膳時間在辦公室揼奶，甚至有機會要躲進廁所去泵。

媽寶難分離

　　習慣親餵的寶寶，一般比較愛黏着媽媽，不願接受其他人的照顧，令媽媽無法抽身偷閒。

慘被寶寶咬

當寶寶長出牙齒後，可能會因牙癢而咬媽媽的乳頭，令媽媽痛得要命。

B 不願離乳

有些寶寶會把媽媽當「人肉奶嘴」，晚上睡覺亦不願離乳，影響媽媽睡眠。

奶量日減少

若由親餵轉為揼奶，奶量可能會逐漸減少，媽媽看着數字不停下跌，定會大感無奈。

停餵感內疚

媽媽因着種種原因而停餵母乳，可能會感到內疚，覺得自己不能為寶寶提供最佳營養。

最觸動
媽媽神經事

　　做了媽媽，為了樹立榜樣，時時刻刻也提醒自己，少動氣；然而，那有媽媽未曾因孩子而勃然大怒？如是者，真的要予以掌聲。究竟孩子做了甚麼事，最容易觸動媽媽神經呢？

長哭不停
　　面對着小朋友長時間哭鬧不停，又苦無對策，最令媽媽懊惱不已。

14

秒速抽紙巾

或許只是轉身拿取東西，小朋友已經秒速把紙巾散落一地，既要收拾，又浪費資源。

爭玩具玩

當看見小朋友爭玩具時，他們對媽媽的勸止充耳不聞，是否想有大聲疾呼的衝動？

奶粉墮地

小朋友欲從枱上取東西，只是一時大意把奶粉弄在地上，事後的清潔工夫真的十分累人。

撕掉書本

小朋友有時「書不離手」，意思是把書本撕成一片片碎紙；希望與小朋友共讀的媽媽，大感沒趣。

不願離開

　　每次帶小朋友到公園玩，當告訴他們要離開到別處，他們總是對媽媽愛理不理，繼續投入自己玩樂的忘我境界。

視若無睹

　　當叫小朋友收拾玩具、刷牙、更換衣服時，他們像是看不見、聽不到媽媽似的，依然故我。

牆壁塗鴉

　　小朋友拿着顏色筆乖乖在畫紙上畫畫畫，轉瞬間他們已經在牆上塗鴉了，媽媽又可以説甚麼呢？

穿鞋通屋走

　　甫踏入家中，小朋友連鞋子也未曾脱掉，便立即跑到玩樂區玩玩具。媽媽當下的心情，有誰能明白？

無創性產前檢查

- 早於懷孕第10周即可進行
- 採用全基因組測序(WGS)
- 高達**99.9%**準確度
- 採用多重標準分數(Multi Z-score)演算法，較傳統無創性產前檢查技術更有效提升檢查特異度及減少假陽性結果
- 獨立分析胎兒及孕婦DNA，減低因母體基因問題而干擾檢查結果的風險
- 高風險患者可獲高達USD300的測試資助[1]
- **99.9%**胎兒性別準確度
- CLIA及CAP認證實驗室

康盛人生無創性產前檢查	Basic (單胎適用)	Premium (單胎適用)
胎兒性別 (選擇性)	✓	✓
三染色體		
T21 唐氏綜合症	✓	✓
T18 愛德華氏綜合症	✓	✓
T13 巴陶氏症	✓	✓
其他三染色體 (19項)		✓
性染色體		
X 單染色體症 (透納氏症)	✓	✓
XXY 性染色體 (克氏症候群)	✓	✓
XXX 性染色體 (三染色體 X 症候群)	✓	✓
XYY 性染色體 (超雄綜合症)	✓	✓
微缺失症候群		
1p36 微缺失分析	✓	✓
2q33.1 微缺失分析	✓	✓
4p16.3 微缺失分析 (沃夫 - 賀許宏氏症候群)	✓	✓
5p16.3 微缺失分析 (貓哭症候群)	✓	✓
7q11.23 微缺失分析 (威廉氏症候群)	✓	✓
11q23 微缺失分析 (雅各森症候群)	✓	✓
15q11.2-q13 微缺失分析 (普瑞德威利症候群)	✓	✓
22q11.2 微缺失分析 (迪喬治症候群)	✓	✓
其他微缺失症候群 (108項)		✓

參考資料：
1. 除了微缺失綜合症，資助適用於所有染色體異常

24小時查詢熱線: 香港 (852) 3980 2888 | 澳門 (853) 6881 0781 | biotech.cordlife.com.hk

吃飯坐不定

　　想吃一頓「安樂茶飯」，有時真的非易事。小朋友總愛東走走，西跑跑，沒有一刻能安靜下來進食。

翻轉櫃桶

　　偷偷地溜進爸媽的睡房，再翻箱倒篋，當媽媽推門而進，小朋友只報以傻笑，可是媽媽已經準備「噴火」了！

半夜不睡

　　身心疲憊的媽媽，只想躺在床上立即入睡，可是小朋友卻有無窮無盡的精力仍未消耗。

在街扭計

　　在眾目睽睽之下，小朋友在街上扭計，要是媽媽 EQ 高，可能還可哄哄寶寶。要不然，快要衝破媽媽的底線了。

UPPAbaby於2006年誕生於美國波士頓，公司致力於高端嬰兒車，配件及嬰兒汽座之研發和全球銷售。因品牌卓越的品質和服務，其產品屢獲各國嬰童用品獎項並深受明星政要青睞，有"美國街車"之稱謂。

主要產品：
高景觀嬰兒車：VISTA/CRUZ
全地形慢跑車：RIDGE
輕便型嬰兒車：MINU/G-LUXE
嬰兒提籃： MESA

one for all

一輛車滿足你的所有需求

地址：旺角登打士街家樂坊16樓1623室　電話46367088

懶媽媽
養出超強B

　　媽媽總想孩子做事勤力，但作為媽媽偶爾也想「偷懶」，冠冕堂皇的藉口是照顧小朋友實在太累。然而，懶媽不隨波逐流的獨特育兒法，反而或能培養出不一樣的孩子。

食物分類

增強：配對能力、小手指肌肉

每次與寶寶外出，都要帶備不同的小食，如手指餅、動物餅、ABC 餅等。懶媽可把所有餅放在大碗內，讓寶寶把同類的餅乾放在三個不同的密實袋，既可考考其配對能力，以及訓練其小手指肌肉。

20

收拾玩具

增強：自理能力、分類能力

當寶寶玩玩具後，客廳必定像「戰場」般凌亂。懶媽可以吩咐寶寶自行收拾，一方面有助培養其自理能力，另一方面則能讓他們學會將玩具分門別類地擺放。其實，執拾玩具，亦是很多幼稚園面試看重的一環。

飯後清理

增強：自理能力、專注力

寶寶吃飯時，可能不專注，總是吃得「天一半、地一半」，飯餸散落四周。只要懶媽要求寶寶自行清潔枱上及地上的食物，讓他們有清潔的意識，並且明白弄污地方要自己清潔，或有助其吃飯時變得更專心。

丟垃圾

增強：手眼協調能力

很多父母也絕少讓寶寶丟垃圾，怕他們弄髒小手及身體。不過，懶媽一於少理，在家先設有寶寶專用的垃圾桶；原來丟垃圾可訓練寶寶手眼協調，因他們要眼睛先「對準」垃圾桶，然後再把垃圾用手丟進其內。

説故事

增強：說話能力

不少父母每晚也會與寶寶有共讀時間，懶媽當然也一樣，但角色可能調轉，就是由寶寶説一些耳熟能詳的故事給懶媽及毛公仔聽，有助寶寶的説話能力發展。

晾曬襪仔

增強：配對能力、小手指肌肉

晾曬襪仔是一個不錯的懶媽推介玩意，寶寶要先把相同顏色及款式的襪仔進行配對，然後才用衣夾夾上。當寶寶要用小手指肌肉令衣夾張開時，均會強化其小手指肌肉。

用布抹地

增強：自理能力、大小肌肉

懶媽可考慮把家務「外判」給寶寶，只要給他們一塊小布，專用作抹其遊戲區，抹地需要用上全身大部份的肌肉，加強鍛煉，亦能提升其自理能力。

自己揀衫

增強：自主能力

當寶寶按喜惡挑選衣服，能建立其自主能力。懶媽可以叫寶寶到衣櫃自選衣服，但切記縱使不合你心意，亦切勿阻止，以免損害其自尊心，此舉亦可令預備外出時間省半。

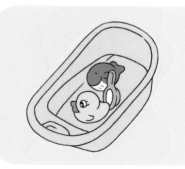

清潔玩具

增強：感官發展、創意

懶媽可以叫寶寶把玩具放進小浴盆，讓他們任意玩水中的玩具，令他們在不同媒介玩玩具，可能引發其創意，亦有助感官發展，順道清潔一番。

自攜背包

增強：自理能力

與寶寶外出，要帶備水、食物、玩具、外套等，這時懶媽只要買一個背包給寶寶，把一些較輕便的物品放入內，他們慢慢會知道外出時，需要自行預備的物資。

切水果

增強：手眼協調能力、數數概念

要用不會弄傷寶寶小手的刀切水果，這個動作有助訓練其手眼協調能力。此外，懶媽可叫寶寶把香蕉、梨等切片或切粒，然後按指定數目分給家人，增加其數數概念。

自製冰粒

增強：手眼協調能力、專注力

懶媽可先叫寶寶把水倒進製造冰粒的冰格內，這可考驗寶寶的手眼協調，另因冰格容量較少，寶寶在過程中要十分專注，以防水會流出來。

剝蛋殼

增強：小手指肌肉、認知、耐性

現今的寶寶可能連雞蛋有殼也不知道！懶媽在焅蛋後，予寶寶自行剝蛋殼，既可訓練其小手指肌肉，亦能考驗耐性，皆因過程需時，更重要是讓寶寶知道雞蛋的原貌。

媽媽
啲錢使去邊？

女人錢易賺？媽媽錢更易賺！先問問自己日常開支有多少是放在小朋友身上，你就會大概知道媽媽錢去哪兒了！看看以下的熱門媽媽錢到達的地方，你的錢去了多少個？

親子裝

　　一家大小穿上同一款式、色系的衣飾，媽媽們的衣櫃樂於多添數件。當一起穿插在人群之中，溫馨場面，必定羨煞旁人。

有禮物送

　　媽媽們看見「送」、「Sale」等字眼，瞳孔便會突然放大，並感覺很「抵買」，就會「失手」於此。

買玩具

　　當看見小朋友說很喜歡某玩具時，媽媽們當然想令小朋友開心，所以就讓他們盡情地買、買、買。

大搞生日會

　　為小朋友搞生日會已成一種氣候，大至場地佈置，小至杯碟款式，媽媽們也十分講究，錢就自然「飛」走了。

做 pass 去樂園

　　不少大小玩樂地方，也會推出全年證優惠，讓一家大小以最優惠的價錢，無限次玩樂。精明的媽媽們，又怎會錯過呢？

出入的士

　　與小朋友外出，玩得盡興，再加上買了大大小小的東西，乘坐的士就是媽媽們最快捷的回家方法。

影家庭照

　　小朋友成長之快，總教媽媽們留戀及捨不得，用影像留着動人的回憶，媽媽們認為十分超值。

一人一花

　　每年幼稚園的一人一花活動，為了鼓勵小朋友努力栽種幼苗，不少媽媽都願意購買一棵放置在家中，作打氣之用。

租場開 party

　　媽媽會活動出席人數眾多，要找個能夠開 party 的場地才可容納。定期的租場費用，是否媽媽們其中一部份的開支？

報 playgroup

為小朋友報讀 playgroup 像是「指定動作」，有些媽媽更可能不只報一個，所以教育支出絕不可小覷。

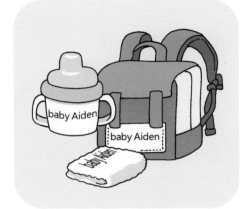

專屬物件

專屬的物件十分獨特，印上小朋友名字的產品更是獨一無二；媽媽們既不用擔心容易遺失，亦增加小朋友對該物件的歸屬感。

節日服飾

幼稚園的節慶活動，如萬聖節、聖誕節等，都會舉辦派對，媽媽們亦會悉心為小朋友預備「戰衣」，買靚衫絕對是她們的強項。

買飛睇 Show

要擴闊小朋友的視野，其中一個途徑就是帶他們觀賞不同的表演，如音樂劇、木偶劇等，媽媽們當然樂意購票。

媽媽
的雙重標準

　　各位媽媽，你的身上有幾多把尺？是否一把量自己？一把量小朋友？很多時候，在子女面前「扮乖」的爸媽，也有放任時候。不信？以下的事情，你是否對自己及小朋友實行雙重標準制？

飲汽水

口說：汽水沒有益，不要喝！

事實：雪櫃放滿汽水！

食薯片

口說：薯片好熱氣，小朋友不可以吃！

事實：經常躲藏在廚房吃！

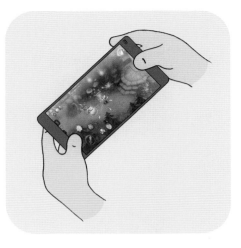

玩手機

口說：手機沒電了，不要再玩！

事實：插上電源睇劇、回覆 messages！

睇電視

口說：最多只看 10 分鐘，現在計時！

事實：看新聞也不只 10 分鐘吧！看一齣戲也好！

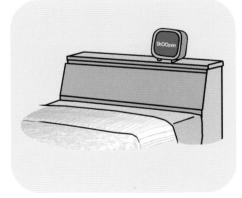

睡眠時間

口說：早睡早起身體好！快些刷牙睡覺！

事實：晚晚沒有 11、12 時也捨不得睡覺！

吃菜準則

口說： 吃菜有益啊！吃多些！

事實： 不吃西蘭花、不吃芥蘭、不吃南瓜、不吃番茄 ......

自己事自己做

口說： 你要自己放好用過的東西，不要胡亂放！

事實： 老公，幫我拿個遙控器來！老公，幫我去廚房弄杯咖啡！

守時理念

口說： 上學不可以遲到！快些、快些！

事實： 只是遲約 10 分鐘，買早餐回公司慢慢嘆！

分享之道

口說： 你要與其他小朋友分享曲奇啊！

事實： 一人享用整盒綠茶蛋糕！

NURSE PO PO
PREMIUM

護士寶寶推出全新護士寶寶 PREMIUM 系列，
不含 MIT 為香港市場先驅，讓護士寶寶品牌繼續守護各寶寶。

什麼是 MIT？

MIT: Methylisothiazolinone
(甲基異噻唑啉酮) 是一種強而
有力的殺菌和防腐劑。
近年的研究結果顯示，使用含
MIT 的產品而引致敏感，過敏
反應，細胞及神經受損等問題
在歐洲各地日趨普遍。

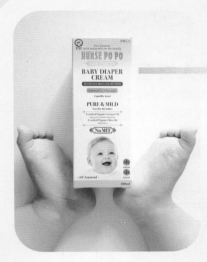

**護士寶寶 Premium
嬰兒護臀霜**
- 含有有機椰子油
- 性質溫和
- 不會對肌膚
  和尿布造成傷害

無晒紅疹，
減輕媽媽的煩惱！

護士寶寶 Premium 潤膚霜
- 用於滋潤寶寶身體
- 滋潤皮膚，容易吸收
- 茶花香味
- 不黏不油

- ✓ 美國配方
- ✓ 符合歐盟要求
- ✓ ISO, GMP, GMPC 認證
- ✓ 符合 SGS 歐盟重金屬
  和細菌檢驗

- ✓ 沒有傷害皮膚成份
- ✓ 適用於敏感皮膚
- ✓ 使用有機成份：
  - 有機椰子油
  - 有機橄欖油

EUGENE baby 荷花   🅵 NursePoPo   🔍 soltradinghk@gmail.com ● (852) 9671 4428 ●

待人有禮

口說：不可以對爸爸沒有禮貌！

事實：喂！老公，你不要再掛住上網打機好不好！

拖延時間

口說：要快點回家啦！你在公園玩了很久了！

事實：自己行街購買，總想逛久一點。

換衫外出

口說：你想到穿哪件衣服沒有？快些穿吧！

事實：每次要試過數套衣服，挑選其一，才能外出！

收拾

口說：要自己收拾玩完的玩具！

事實：未摺好的衣物放在床上、數對鞋胡亂地放在地上！

媽媽群組

加入咗幾多？

請打開你們的 WhatsApp，再細看自從小朋友出世後，你們大大小小的 join 了多少個群組！以下的群組，你們會是其中一員嗎？快來數數吧！

同年同月同日

要找最志同道合的媽媽，當然是大家的子女都是同年同月同日出生，去健康院、報幼稚園等，差不多也是同步啊！

34

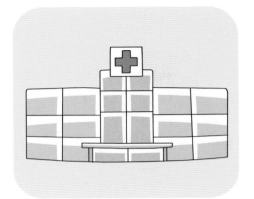

相同醫院

　　產後在醫院，同一個病房，大家訴說生仔過程、餵奶經驗，由互不相識，到互相分享，這個群組又怎少得？

同一生肖

　　於同一年分娩的媽媽，可以由一起懷孕談到一起湊仔，有些年頭生，有些年中生，有些年尾生，過來人經驗談，特別有共鳴。

同區媽媽

　　與小朋友外出，地點是必定會考慮的因素。如果大家住在附近，閒時可相約到公園耍樂，或某店舖減價，一起去血拼，一樂事也。

朋友自組

　　有甚麼開心過與知己齊齊當上媽媽？由談少女心事到媽媽心事，把友情延展至自己的小朋友，有些更說將來要做親家，多開心啊！

直系親屬

　　兄弟姊妹各自結婚生仔後，大家更珍惜 family time，傳遞的信息不再是哪兒有美食，而是小朋友的搞笑、窩心相片及短片，親情是無價！

表兄弟姊妹

　　可能在大時大節才聚首的表兄弟姊妹，當大家各有家庭及小朋友，話題自然較以往多，又可以談談姨媽姑姐做嫲嫲婆婆後的寵孫實錄。

讀書會

　　親子閱讀已成一種氣候，但大家往往不知從何開始，只要加入讀書會群組，就可以有同路人教路及支持。

自組 playgroup

　　坊間有不少媽媽會自組 playgroup，特別是全職媽媽，子女既可一起玩及學習，媽媽又可以來個小聚會，多麼寫意！

母乳媽媽

餵母乳絕對不是一條容易路,有相同經歷的媽媽同行,當碰上甚麼難題及景況,也可以找人傾訴,再繼續堅持走下去。

談面試

小朋友報考 PN 及 K1,對媽媽來說就是一場耐力賽,所謂知己知彼,互相交流揀校心得、面試策略,將來或在幼園同學群組再相見。

幼稚園同學

這個群組大家可以談談學校通告、活動、功課等,總之與學校有關的,也無所不談。快將升小,繼續談談選校及報名策略,成為戰友!

媽媽團購

如何以優惠價購買小朋友的心水產品?媽媽團購一定幫到你,集眾媽媽之力量就事成,所以女人的錢是很易賺是沒有錯的。

為了寶寶
改變有幾盡？

　　願意為一個人改變，可以去到幾盡？這點真的要問問各位父母！也許，改變需要很大的勇氣，但相信父母為了寶寶，一切也是甘之如飴。好！看看你們是否也有以下的改變吧！

放假早起床

　　寶寶起床，父母也要跟着起床，就算是放假，也要晨早起床，皆因寶寶多是早睡早起的「生物」。沒有辦法，惟有安慰自己早睡早起身體好！

行街專攻 BB 貨

嘩！媽媽難得放假 shopping，竟然不去買靚衫、靚鞋，只是到各處搜羅 BB 用品，或是到超市買奶粉、尿片等日用品，名副其實讓衣櫃騰出更多空間。

家具包邊

本來充滿時尚感的居所，暫時要改變一下，因所有對寶寶有危險的尖銳角位，也需要貼上防撞貼，免得寶寶不小心撞到受傷，可以說是安全至上。

會睇育兒書

昔日不喜歡或無暇閱讀的父母，頓時變得極具書卷氣，並且突然紛紛愛上閱讀育兒書，令知識水平再次提高。

購買親子裝

説到與另一半穿情侶裝，勢必拒絕；但説到親子裝，同是與另一半穿上一模一樣的服飾，只是多了寶寶，多多的親子裝也願意穿。

去公園多過戲院

　　倆小口子時，有時間就相約睇戲。自寶寶出世後，去公園的次數必定比去戲院多，以往不曾踏足的公園，寶寶首年出世就已經留下腳印。

參觀局廠

　　消防局、警察局、巴士廠等開放日，是每位寶寶也很期待的事，而人多擠迫實在少不免。為了滿足寶寶，你寧願安坐家中？還是成為人龍的一部份？

放工即返屋企

　　修甲、飯聚日子不再，皆因天天放工趕回家照顧寶寶，與他玩玩具、說故事，就是晚上最大的娛樂。

餐餐多菜少肉

　　為了樹立好榜樣，大魚大肉的日子已經過去，要與寶寶一起多菜少肉，還要少糖、少油及少鹽，生活從未如此健康過。

屋企變兒童樂園

　　簡約主義、黑白寧靜為主題的居所，有了寶寶後，慢慢地會變成一個色彩繽紛的世界，客廳最終也會變成兒童樂園。

日日開機洗衫

　　寶寶出生後的洗衣量大得驚人，天天洗衫絕對有可能！紗巾、口水肩、衫、褲等，還要加上因嘔奶、吃糊仔時弄污的衣物，真是多不勝數。

兒歌停不了

　　愛流行曲的你，當寶寶出生後，家中只會播放他們喜歡的兒歌，而且父母隨時也要邊唱邊做動作，逗寶寶開心。

精通卡通片

　　荷李活影星可能你全部皆曉，但卡通片的主角你又識幾多個？不用擔心，你很快就會投入寶寶的卡通世界，將會了解更多。

未為人母

不會明白事

　　婚前婚後，很多人也說是兩個世界；但生仔前後，生活猶如兩個宇宙，真的是 180 度改變。有些事情要是你沒有當過父母，根本不會明白。各位父母，你們認同嗎？

食飯未必準時

　　照顧小朋友，真的有很多突發事，如準備出門時，BB 突然大便要換片、嘔奶要換衫等，令時間難以掌握。

細餐廳非首選

通常外出，父母也會推着嬰兒手推車，也傾向找些寬敞的餐廳，因想有空間放置手推車。

曬都要去公園

怕曬及怕有雀斑的媽媽，為了孩子多進行戶外活動，不介意烈日當空下陪伴孩子去公園耍樂。

聽一堆講座

新手父母對很多育兒、管教及升學等範疇，可能都是一知半解，所以不時聽講座「惡補」。

9 點前要 bye bye

小朋友的睡眠時間多在晚上 10 時前，所以外出用膳最遲 9 時也要回家，因回家後仍要為他們洗澡。

精神分裂

　　從未試過天使與魔鬼交替出現的頻率是如此高，一秒前可能仍在生氣，但一秒後只要孩子有個趣怪表情，已經溶化了。

電視長關

　　為免孩子沉迷看電視，父母在家的時間，電視也是常關，以免影響孩子的發展。

排隊換片

　　去女廁要排隊並非奇事，原來為BB輪候育嬰室更費時，真的一山還有一山高。

擴大生活圈

　　當了媽媽後，朋友以十倍增加，皆因網絡世界實在太強勁！不如數數你加入了多少個媽媽群組！

不可任抱

　　有時與親友見面，他們甫見 BB 已經想抱，但其實 BB 也要先觀察四周才感到安全，不能隨意抱，否則只會哭起來。

預留假期

　　以前留假為去旅行，現在留假帶 BB 打針、到學校進行親子活動等，多多假也未必夠。

換公仔

　　便利店及連鎖快餐店經常有儲印花及點餐換公仔，只要知道是孩子最愛的卡通人物，就立即惠顧。

消毒劑傍身

　　沒有一支消毒劑，猶如忘了帶電話一樣，因為小朋友愛東摸西摸，玩耍後更要消毒一番。

BB 1歲前

令你開心事

　　0 至 1 歲是寶寶高速成長的一年,他們會按時地學會轉身、坐、爬、站及行,繼而探索這個世界。除了這些叫爸媽興奮的里程碑外,在這一年內還有很多令爸媽樂透的動人時刻。而眾爸媽更會群情洶湧地將這些時刻分享至交友網站,令親友 like 不停!

第一個笑容

　　當媽媽與寶寶來個深情對望,寶寶報上的第一個微笑,必定永世難忘。

戒夜奶

餵夜奶的辛酸，爸媽自知，所以當寶寶成功戒夜奶後，能一覺瞓天光確實令人開心。

出第一顆牙

望穿秋水的第一顆牙終於出現眼前，同時亦標誌着寶寶另一個進食階段的開始。

彌月宴 / 百日宴

能與親友分享誕下寶寶的喜悅，以及接受他們的祝福，猶如回到婚宴當天的興奮。

轉食固體食物

由吃奶期步入進食固體食物階段，像是寶寶快要告別 BB 生活，既不捨又感動。

47

初次盪鞦韆

第一次見證寶寶盪鞦韆快樂的模樣，其無拘無束的生活，再次告訴爸媽童年是最幸福的。

首次夏水禮

寶寶初次穿上泳衣暢泳，加上他們的不同有趣反應，確實令很多爸媽雀躍萬分。

BB!

對名字有反應

甫出生開始，爸媽多次呼喚寶寶名字，當有天發現他聽到名字後轉頭望着你時，簡直開心過中獎。

張開手擁抱

下班回家打開門時，寶寶如天使般張開雙臂，撲向你的懷中，是最甜蜜的事。

 RENEWALLIFE 또또맘 DDODDOmam

孩子必吃健康米零食

不經油炸
No Oil-frying

新配方!
New ingredients,
more health

6m+

有機米牙仔餅
Organic Rice Rusk

6m+

有機米條
Organic Rice Stick

12m+

糙米條
Real Puffing

12m+

糙米泡芙
Brown Rice Puff

質感鬆軟，寶寶入口易融
Melt quickly in baby's mouth with a soft texture

幫助舒緩寶寶出牙不適
Helps baby to soothe tooth itch

訓練寶寶手眼協調能力
Train baby's fined motor skill

訓練寶寶抓握小物件的能力
Helps develop baby's grasping small object's skill

 選用韓國楊平郡優質大米

 擁有HACCP認證 安全可靠

有機認證 更有信心

 不經油炸 健康有益

叫媽媽爸爸

以 BB 話溝通多時，突然聽到寶寶開口叫爸媽，這也許是世上最動聽的言詞。

識揮手 bye bye

有禮貌的寶寶人人皆愛，當你要上班與寶寶短暫道別時，他的揮揮手也許會為新一天帶來動力。

體重穩步上升

寶寶按時便要到健康院取「成績表」，當聽到姑娘說寶寶體重增長不錯，真的放下心頭大石。

自己拎書睇

閱讀對寶寶何其重要，當看見他們主動地走到書櫃前取下一本書翻翻看，你便可稍為休息一陣子。

BB 便便
媽媽最怕見

雖然媽媽對寶寶的愛，理應接受他們的一切，包括便便，但媽媽也是常人，面對非一般的便便場面，難免也面露難色。以下的便便場面，你們最怕又是哪個呢？

沖涼便便

沖涼時遇上寶寶便便，唯一可以做的，就是倒水、清潔便便，再沖多一次。

外出便便

　　與寶寶外出時便便，若碰巧在沒有育嬰室的商場或在戶外地方，換片對媽媽真的是一大考驗。

邊抹邊屙

　　為寶寶清潔之際，原來便便仍然未完全排出體外，媽媽只好為寶寶重新再抹一次。

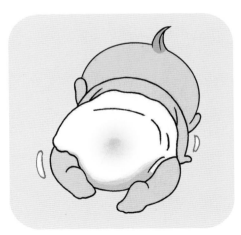

便便流出

　　為寶寶脫掉褲子或裙子準備換片時，總希望不要有便便流出來，這也是否你們的心願？

換片勁郁

　　寶寶學會翻身後，換片立即舉步維艱，因怕他們弄至四周也充滿便便，所以會以九秒九速度換片。

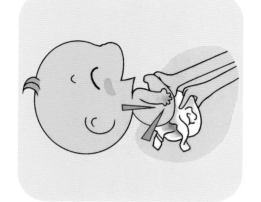

手摸便便

　　為寶寶換片時，他們的小手愛隨意擺動，有時甚至會抓癢臀部，令其小手沾上便便。

不夠紙巾

　　抹便便最怕未抹完而濕紙巾卻用完，這時媽媽又不能放下寶寶去取之，所以換片前必定要有足夠的濕紙巾。

半夜大便

　　半夜起床為寶寶換片，還要是便便片，真的要打醒十二分精神。

新片即屙

　　一件事情在短時間內重複做兩次，真的有點令人納悶，換片會不會是其中一樣？

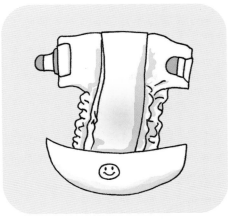

便便稀爛

　　遇上便便稀爛的片，只想快快換掉，盡量令寶寶不要郁動太多，免得他們弄污身體。

屙完即坐

　　不少寶寶習慣蹲着便便，然後媽媽便以最快速度拿新尿片，但求寶寶不要坐在地上，皆因或會令清潔難度增加。

便便上身

　　若要問寶寶為何便便會「上身」，倒不如省下一口氣為寶寶洗澡吧！這樣會較為實際。

全床便便

　　當寶寶睡醒在床上玩耍，並且沒有呼喚你，別開心得太早，也許他們正在玩一些你意想不到的東西……便便。

寶寶生病

媽媽最難捱

雖說生病是寶寶成長所必經的，但過程中除了寶寶自己辛苦，媽媽更是身心俱疲，皆因其耐性、體力、智慧方面，都要面對極大考驗。讓我們細數照顧生病寶寶的種種難處，作為媽媽的你必定都有共鳴！

診所排長龍

遇上疫症高峰期，診所特別多人，即使預約亦需輪候，漫長等待令媽媽心急如焚。

打針最心痛

　　若要注射藥物治療，寶寶被針刺的一刻，必會痛得大聲哭喊，媽媽在身旁愛莫能助，心痛是必然的。

安排照顧者

　　寶寶生病請假，若媽媽要上班，除了掛心之外，安排合適的照顧者，亦是一大難題。

徹夜不能眠

　　發燒中的寶寶，體溫在半夜可能會更高，媽媽自然需要徹夜不眠，密切監察寶寶情況。

餵藥似搏鬥

　　若寶寶拒絕吃藥，媽媽便要用盡方法，軟硬兼施來餵。有時寶寶更會把藥吐出，令媽媽苦惱萬分。

不停來探熱

　　寶寶體溫時高時低，媽媽總是忐忑不安，每隔一段短時間就忍不住替寶寶探熱。

寶寶哭鬧多

　　寶寶生病時，不單止脾氣比平日差，更可能變得特別黏人，令媽媽難以分身，需要不停想辦法安撫寶寶。

穿衣的矛盾

　　要是寶寶發燒，媽媽一方面不能替其穿太多衣服，一方面又怕寶寶着涼，實在非常矛盾。

準備特別餐

　　即使未必需要戒口，但媽媽必定想替生病中的寶寶，預備清淡又有營養的餐食，以助寶寶盡快康復。

意見四面來

每次寶寶生病，身邊親友關心之餘，亦可能會給予很多意見，令媽媽無所適從，甚或感到煩擾。

入院的掙扎

若醫生建議寶寶入院接受治療，媽媽的緊張必定升級，擔心寶寶在醫院感染其他疾病。

醫療費驚人

好不容易等到寶寶康復，媽媽結算一下，發現醫藥、住院費用驚人，不得不嘆荷包大傷。

病癒要調理

寶寶病癒後，仍有賴媽媽悉心照顧，準備湯水及各種營養豐富的食物，重建健康體魄。

爸爸湊B
媽媽一額汗

　　媽媽平日照顧寶寶，可說是身心疲累，若然得到另一半幫忙，當然可以減輕負擔。但說到要將寶寶託付給爸爸一整天，不少媽媽都未必放心，皆因爸爸的湊B實況，有時真的會嚇得媽媽「一額汗」。

地方亂七八糟

　　平日甚少做家務的爸爸，不但會縱容寶寶把玩具亂放，自己亦可能會隨處放置寶寶的用品，如衣物、濕紙巾、奶瓶等，足以令媽媽抓狂。

破壞平日規矩

　　媽媽辛苦為寶寶建立的良好生活習慣，例如吃飯時不可玩耍，爸爸統統不會遵守。寶寶或者會覺得很開心，媽媽卻被氣得直翻白眼。

寶寶容易弄傷

　　爸爸容讓寶寶自由地四處跑，跌倒受傷必定難免。而跟寶寶玩耍時，爸爸更不時會做些危險動作，令媽媽心驚膽跳。

頻用電子奶嘴

　　寶寶哭鬧時，只要爸爸拿出「電子奶嘴」，寶寶必定立即停止哭喊，乖乖「坐定定」，卻叫平日嚴禁寶寶看手機的媽媽煩惱。

衛生不加注意

　　大多數爸爸都是粗枝大葉，不太講究清潔衛生，餵寶寶吃飯的場面必定很「壯觀」，還會把寶寶弄成「花面貓」。

零食當成正餐

爸爸為求方便，只要能餵飽寶寶，即使是不健康食物，也會照樣給寶寶吃，心想：「只吃一餐半餐，沒所謂吧！」

穿衣隨隨便便

爸爸甚少會替寶寶悉心打扮，更可能隨便替其穿上不相襯的配搭，甚或把衣服倒轉來穿。

寶寶前説粗話

即使爸爸故意克制，也可能會不小心在寶寶面前説了粗話，重視寶寶教養的媽媽聽見，肯定不禁憤怒。

壞習慣成榜樣

寶寶的模仿能力特別強，爸爸的壞習慣，例如粗魯的坐姿，寶寶很容易學得一模一樣。

物質縱容寶寶

　　爸爸自覺陪伴寶寶的時間不多，可能會常常買玩具作補償，但這種物質上的縱容，卻絕非建立親子關係的好方法。

玩至不願睡覺

　　若爸爸整天跟寶寶玩刺激的遊戲，例如捉迷藏，可能會令寶寶的心情過於興奮，晚上難以入睡。

拿寶寶開玩笑

　　像「大細路」般的爸爸，不時會「整蠱」寶寶，拍下一些拿寶寶開玩笑的照片，媽媽看見必定哭笑不得。

媽媽慘被排擠

　　爸爸跟寶寶玩的遊戲，也許比媽媽的有趣，令寶寶整天黏着爸爸玩耍，被「冷落」了的媽媽自然大感沒趣。

Trouble Two
媽寶大作戰

　　雖說 Trouble Two 是寶寶必經階段，媽媽應予以體諒，有智慧地幫助寶寶過渡，但實際面對時，總難免會出現失控情況，令媽媽抓狂。以下跟「Trouble B」的「戰鬥」場面，你又親身試過多少？是否可以一一見招拆招？

不願睡覺

寶寶出招：只顧玩耍，不愛午睡，黃昏時分後卻因疲倦而變得脾氣暴躁。

媽媽拆招：任由寶寶不睡午覺，讓其晚上提早就寢，樂得早享私人時間。

挑飲挑食

寶寶出招：每次見到瓜菜都不肯吃，放進口裏都給吐出來。

媽媽拆招：把瓜菜切碎或隱藏於食物之中，「誘騙」寶寶不知不覺地把它們吃下。

穿衣揀擇

寶寶出招：媽媽拿出來的任何一件衣服都 say no，永遠不肯乖乖穿上。

媽媽拆招：選定兩、三套衣服，讓寶寶在有限選擇內「自主」穿衣。

搶手機看

寶寶出招：每次看見媽媽拿着手機，立即搶來，熟手地按上 Youtube 標誌。

媽媽拆招：以誇張語氣指向某處：「寶寶，你看！」趁其視線轉移，快速奪回手機。

要買玩具

寶寶出招：在玩具店中看見心頭好，不願放下，誓要把它帶回家。

媽媽拆招：拿出寶寶最愛之物，如手機、小食，以求盡快離開現場，再想辦法收起物品。

多手亂碰

寶寶出招：對家中每件物件都好奇，包括風扇、電插座等，危險物品亦要觸碰。

媽媽拆招：將自己溫柔的一面拋諸腦後，大聲喝止寶寶，隨即嚴厲教訓。

食飯搞亂

寶寶出招：每逢外出用餐，看見新奇的餐具必定一把抓住，亂敲亂掉。

媽媽拆招：甫坐下，寶寶伸手可及的桌面範圍全部「清場」，只剩下畫筆和墊枱紙。

同輩衝突

寶寶出招：到公園玩耍爭先恐後，甚至與同齡寶寶互相推撞。

媽媽拆招：耐心解釋排隊的道理，但不予以苛責，皆因明白這是寶寶建立自我的必經階段。

禮貌欠奉

寶寶出招：與親友見面時，忽然「裝酷」，對誰都不揪不睬。

媽媽拆招：平日在家指着照片跟寶寶玩「認人遊戲」，讓寶寶覺得認出別人是自豪之事。

不願走路

寶寶出招：以前未學會走路，總是很想走路；學懂走路之後，出外卻只想媽媽抱。

媽媽拆招：給寶寶拿一把小傘子，或是拖着一個迷你行李箱，必可令他們乖乖走一段路。

從不合作

寶寶出招：越是重要的時刻，越是不願合作，尤其在拍照、面試時，更加表現失控。

媽媽拆招：威逼固然不是好方法，利誘也是不得已……但不得不用的方法。

行為固執

寶寶出招：無論衣食住行，甚至是玩樂，都要跟從他們心目中的「正確方程式」。

媽媽拆招：天天安排新嘗試，例如採取不同出門路線，勿讓寶寶受限於自設的常規。

要求多多

寶寶出招：懂得說話之後，天天不停提出要求，不是要吃零食，就是要玩手機。

媽媽拆招：重視寶寶的訴求，眼睛注視着寶寶，鄭重地回應他們說：「不可以！」

BB最愛
爸媽做的事

別以為 BB 甚麼也不知道，他們透過與爸媽的身體接觸、言行，便了解到何謂愛。其實，與 BB 的感情建立由他們出生已經開始，要是他們與爸媽在肚內時已經有聯繫，那就更好了。

經常擁抱

擁抱是個很重要的動作，讓 BB 知道
爸媽是愛錫自己，亦能增加其安全感。

塗油按摩

每當 BB 洗澡後，為他們輕輕塗上按摩油，又再按摩一番，必定舒服無比。

對望餵奶

在餵奶的時候，爸媽不妨與 BB 多點眼神接觸，亦可訴説該天發生了甚麼事。

談天説地

與 BB 多談話，可以讓他們漸漸地熟識爸媽的聲線，知道爸媽時常陪伴在側。

搔癢肚臍

大部份 BB 都很喜歡爸媽搔癢其肚臍，每次他們都會笑得很開心，亦視為玩樂的一種。

輕鬆外出

當 BB 知道可以外出，已經手舞足蹈，再加上街上的事物十分吸引，他們必定享受其中。

講故事書

與 BB 説故事別以為只是對牛彈琴，他們很享受與爸媽的共讀時間。

播歌唱歌

BB 特別鍾情重複的歌曲，不論是播歌或爸媽唱歌，他們也十分喜歡。

洗澡

爸媽可以邊替 BB 洗澡邊談天，他們會經常看着你的臉，亦代表他們正記着爸媽的模樣。

誇張表情

　　爸媽與 BB 説話時，不妨配以誇張表情，他們喜見爸媽如此與自己談天。

左搖右搖

　　爸媽可把 BB 放在大毛巾上，再分別拉起毛巾四角，輕輕搖晃 BB，他們必定笑逐顏開。

陪伴入睡

　　當 BB 準備入睡時，有爸媽陪伴在側，可增加其安全感，亦可在這段時間播放輕柔的音樂。

輕吻臉龐

　　吻是親密的舉動，從小透過這些身體語言告訴 BB，爸媽有多愛他們，必定勝過千言萬語。

同日旅行

行程要識計劃

旅行，應該是放鬆、悠閒的機會...如果你是與老公二人世界的話；但當旅行要帶着小朋友，難免要計劃周詳一點，正所謂「多手準備」，那麼就萬無一失！

行李篋要多

小朋友要是仍未戒奶、戒片，有些物品必定要同行，還有他們的衣物、陪睡毛公仔、玩具等，缺一不可。

只買 B 物品

想行街 shopping ？可以，就是去買小朋友的玩具、圖書、衣物等，皆因既能滿足他們的需要，亦能釋放媽媽的購物慾。

航機上睇戲

小朋友可能常扭着要走出座位玩，數小時的航程，媽媽的任務只有一個，就是讓他們安坐在座位上，直至飛機降落。

機上不可睡

照顧小朋友要一眼關七，有時可能要帶他們去如廁、與他們玩玩具消磨時間，何來仍有時間小睡片刻？

晚晚要清潔

小朋友的餐具、手巾、衣物等，可能都要每天清洗，留待翌日再用。所以非如自己旅行般，洗澡後便可倒頭大睡。

早點回酒店

回到酒店,先要為小朋友洗澡、清潔用品、預備翌日的物品等,最重要是小朋友也要按時睡覺,要不然可能會鬧彆扭。

食飯有 highchair

揀選吃飯地方或要預先安排,不能去到哪吃到哪,總要找間坐得舒適的餐廳,如有 high-chair,就最好不過了。

去兒童地方

帶同小朋友外遊,去水族館、動物園等地方,以及玩當地的文化玩意,也會是行程之一,亦是讓他們增廣見聞的好機會。

要有下雨 PLAN

要是下雨,很多的戶外活動便要取消,但為免小朋友失望,爸媽宜預備數個適合他們耍樂的室內活動,如 playhouse 等。

買可改機票

　　小朋友生病真的防不勝防，要是不幸因患病未能起行，若事先買了可更改機票，便可以延後出發日期。

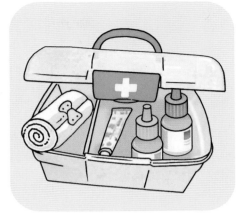

帶急救藥箱

　　出外玩耍，小朋友或會受傷。如果是擦傷、流血等小事，一個急救藥箱，便可自行處理，省卻不必要的麻煩。

相約另一家庭

　　要是能夠多一個家庭互相照應，也是一件好事，而且雙方的小朋友亦可一起玩耍，父母們也可以輕鬆一點。

預留休息日

　　請假旅行可能會比上班更累，回家後還要有堆積如山的衣物清洗。建議多請一天假作回港休息之用，皆因旅行應已用了不少精力。

突然下雨

同 B 轉玩法

當你早已計劃好假日帶小朋友到戶外放電，上天竟然送上無限的雨水，是否有點掃興？其實，做媽媽首要學會 EQ 高，把「逆境」變成動力。誠然，下雨天仍然可以出外啊！

踩水氹

小朋友穿上水鞋，在街上踩着一個又一個的水氹，對他們來說，是一大樂事也，千萬別急於阻止！

逛商場

　　商場通常有很多定期活動及展覽，你既可拍照，又可以帶同小朋友去 shopping！

去書店

　　靜態活動當然是要去書店走走，亦可趁機選購有關下雨天的圖書，買回家與小朋友一起共讀。

地鐵河

　　不少小男孩也鍾情地鐵，遊地鐵河讓他們看看每個站的不同變化，再選其中一個站下車，多麼刺激的旅程。

去 playhouse

　　要大大地放電，就去 playhouse 吧！大多數集齊公園的元素，更有很多不同的主題玩意，小朋友玩一整天也不會厭倦。

翻轉朋友仔屋企

　　相約數個朋友仔到其中的一家作客，小朋友可以大玩特玩，大人又可以輕鬆一聚，的確是賞心樂事。

行玩具店

　　在玩具店必定可以消磨數小時，小朋友邊看邊試玩，你亦可看看他們對甚麼特別有興趣，再添置回家。

去博物館

　　能夠遮風擋雨的好地方，既富有教育意義，又可以增進小朋友不同範疇的認知，相信科學館、文化博物館必定是首選。

食下午茶

　　難得可以靜靜地坐在餐廳嘆下午茶，不用趕着去這去那。但謹記帶備小朋友愛玩的小玩具，你就可以有更多安靜的時間了。

走入超市

　　帶小朋友逛超市，他們通常十分雀躍，不如趁機商量午餐想吃甚麼，更可以一起下廚啊！

去睇戲

　　無疑，下雨天帶小朋友到戲院看卡通片是不少爸媽會做的事。Full house 鬧哄哄的情景，爸媽看見也被感染。

巴士遊

　　花費數元看看沿途風景，相信是巴士迷的大愛。如果小朋友稍大，讓他們挑選一條從未乘搭過的巴士路線，必定充滿期待。

到圖書館

　　館藏多不勝數，小朋友既可享受細閱圖書的樂趣，若想借回家繼續閱讀又可以，下雨天免費的消遣活動。

滿屋是車

玩法多多

　　家中有仔的爸媽，玩具車必定長居玩具排行榜最多的第一位。也許我們無法理解他們為何如此被車迷倒，但玩車的過程中，我們大可以把日常的知識教曉他們，順道提升他們的各種潛能，且更事半功倍。不信？試試吧！

推車

　　推車需要寶寶的手眼協調運用，既可滿足他們推車的欲望，又能視作親子遊戲。

拉車

　　只要在車上繫上一條繩，寶寶便可拉着車四處去，適時加入指引，讓他們學會聆聽指令。

講故事

　　有關車的故事書，總有數本在家，與寶寶説故事時，加入玩具車，他們必定更投入。

自製街道

　　利用黑、白色的膠紙自製街道，讓寶寶的玩具車在「街道」上飛馳，這個玩意少點創意也不行。

排隊

　　將玩具車排隊，可灌輸寶寶排隊的觀念，亦可順道告訴他們上落車也要排隊。

分類

車的種類繁多，如交通工具等，把日常接觸的交通工具及其特色告訴寶寶，增加其認知。

運貨

寶寶可以乘坐大型玩具車，幫忙在家運送物件，滿足他們駕駛的樂趣，亦可增加親子間的互動。

收玩具

叫寶寶收玩具，他們可能會充耳不聞，但只要告訴他們：玩具車要駛回停車場休息了，他們會立即把車送回去（玩具箱）。

比賽

如果家有厚疊疊的 playmat，可把它靠梳化斜放，將玩具車放上來個鬥快比賽，一樂事也。

車轆畫畫

　　車轆的紋理只要沾上顏料，便可在畫紙上「畫」出不同的車紋，又一幅創意畫誕生。

力度遊戲

　　先定一條界線，與寶寶比賽誰的玩具車最貼近界線為勝出，有助他們學會控制推車的力度。

砌車

　　只要有豐富的想像力，寶寶便能砌出獨一無二的玩具車，亦明白車要有車輪才能行駛的道理。

認識大小

　　玩具車的體積必定有大有細，試試讓寶寶把玩具車由大至細排列，以認清大小的概念。

毛公仔
ＢＢ好玩伴

　　一屋都是寶寶的毛公仔，數目可能可以霸佔整張梳化，甚至一張床。原來善加運用，你就會發現它們的可愛之處。父母只要多動腦筋，大人看似平平無奇的玩意，對寶寶來説，用途及玩法可以層出不窮。

墊高奶瓶

　　當寶寶能手握奶瓶飲奶時，在奶瓶下放一個細小的毛公仔作承托，他們便可輕鬆飲奶。

安全靠背

當寶寶開始嘗試自行坐着，不妨把他們置在毛公仔群的中央，以它們作靠背，比較安全。

引笑能手

要逗寶寶拍照時開心地笑，不妨在相機旁放上其心愛的毛公仔，他們便笑逐顏開。

陪睡專員

要寶寶睡得安穩？就要有 1 至 2 個軟綿綿的毛公仔伴他們入睡，增加其安全感。

哭喊攬枕

有時候，寶寶在鬧情緒哭喊時，總想找毛公仔抱抱作靠依，令心情慢慢平復下來。

傾訴心事

當寶寶長大一點，可能藏着很多心事，有時對父母難以啟齒，但他們卻願意與毛公仔傾訴。

起身幫手

有否發現叫寶寶起床，他們總賴床，但只要毛公仔出動，他們便立即起床刷牙吃早餐！

增加認知

欲教寶寶認識一些動物名稱，可用上毛公仔作輔助再配上真實圖片，助他們加深記憶。

示範着衫

媽媽可選取一個體積較大的毛公仔，為它穿上衣服，順道教寶寶自己穿衣服。

扮作乘客

　　玩情景遊戲時，寶寶最樂意當上小司機，這時所有毛公仔扮作乘客，寶寶必定開懷大笑。

一起上課

　　寶寶快要上幼稚園，父母可先在家預演上課情況，讓毛公仔扮作學生，讓寶寶有心理準備。

一圍食客

　　寶寶玩「煮飯仔」已駕輕就熟，毛公仔扮作食客，寶寶當然樂意當上小廚神及餵飯給它們。

去動物園

　　家中必定有動物毛公仔，與寶寶玩「去動物園」情景遊戲，它們就大派用場。

家中同玩
親子遊戲

有沒有想過沒有玩具，也可以讓 BB 快樂地玩耍？父母與 BB 有多一點的身體接觸更可以拉近距離，令關係更親密，本文就為各位新手父母介紹可以在家中與 BB 玩的 13 個小遊戲，從而增進感情。

升降機

讓 BB 坐在爸爸的肩膀上，然後爸爸開始站起、蹲下，令 BB 體會上升和下降的感覺，更可以旋轉，讓 BB 看到不同景象。

玩具桶

　　媽媽與 BB 面對面的坐或站立，媽媽用手環成一個大圈，像大玩具桶，讓 BB 把手上的絨球投進圈內，鍛煉 BB 手眼協調能力。

滑梯

　　爸爸的手臂是欄杆，長腿是滑梯，從爸爸的身體上滑來滑去，會讓 BB 很有安全感。

發聲扮鬼臉

　　媽媽用手把臉遮住，喊 BB 的名字，若 BB 作出反應，媽媽可以扮鬼臉或親吻他。

騎牛牛

　　爸爸讓 BB 坐在自己的背上，然後用手和腿在地上爬行，讓 BB 從另一個角度看景象。

盪鞦韆

　　媽媽用雙手從背後抱着 BB，然後輕輕的把 BB 前後搖擺，像盪鞦韆一樣，更可以一邊搖晃，一邊教 BB 數字。

舉高高

　　爸爸臉向上平躺，雙手舉高 BB，讓他臉朝下，手可以上下升降，讓 BB 的身體在經歷大幅度移動時感到興奮，克服驚恐。

聽音樂

　　與 BB 一起聽兒歌或童話錄音帶，鼓勵他一起唱，有助發展他們的語言能力。

坐電梯

　　媽媽可將 BB 舉起，一邊説：「坐電梯囉！」然後在高處停幾秒，再把 BB 放下來，可反覆幾次。

扔東西遊戲

爸爸與 BB 面對面坐，BB 手握小皮球扔向爸爸，讓 BB 加深對外界事物的感覺、知覺和認知，更與爸爸形成了一種互動。

一起上課

寶寶快要上幼稚園，父母可先在家預演上課情況，讓毛公仔扮作學生，讓寶寶有心理準備。

唸圖書

和 BB 一起閱讀，圖畫書中的圖畫，會成為 BB 認識世界的途徑，BB 亦特別喜歡被父母摟在懷裏讀書的感覺，溫馨又互動。

大肚子青蛙

媽媽躺在床上，BB 趴在媽媽的肚上，媽媽的肚一起一伏，帶動 BB 一起做上下起伏運動，會讓 BB 感到非常奇妙。

Part 2
湊B劇場

本章以漫畫手法，講述湊 B 故事，有些令讀者會心微笑，
有些令父母有所啟發；而有十多個劇場更有社工提點家長，
在育兒事上應要注意的地方，值得家長參考。

慳家媽媽
只為B豪使

　　當了媽媽後，任何事情都以子女為先，即使見到自己的心頭好，也會立即「師奶」上身，左度右度；但如果是為子女購買，則完全不用考慮，而且會盡自己能力，買最好的給子女。

$380

都唔係
好靚啫⋯⋯

太太，幫手做份問卷啊！

ABC 美容

太太，我見你面上有唔少雀斑，不如買我哋嘅 package，我畀個優惠價你，$4,888 可以做 10 次！

唔通佢係工人嚟？

多謝你呢度 $6,940！

多謝幫襯！

雖然沒有一件東西是媽媽的，但她卻開心得像買到了最想要的心頭好。

完

97

媽媽「暖袋」

冬天不再冷

　　作為媽媽，我們的專屬「暖袋」，會陪伴我們度過每個寒冬，帶給我們無可取替的溫暖。

特別新聞報道，今晚氣溫將降至本年入冬以來最低，市區只有6度，新界再低2至3度，市民要注意保暖。

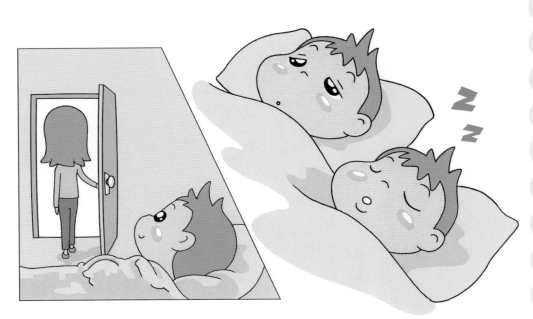

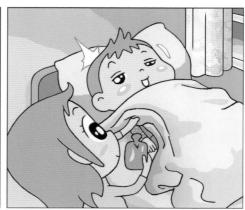

媽媽，你的手也很冷啊！我現在攬住媽媽給我的暖袋，不冷了。媽媽攬住我吧！讓我做你的暖袋！

嚇親 BB

媽媽萬聖節

10 月是很多小朋友期待的月份，皆因他們可以於萬聖節名正言順地扮鬼扮馬。其實，豈止是小朋友，媽媽都很愛搞鬼，到底她們最喜歡扮甚麼呢？

10 月萬聖節，一定要幫 BB 打扮得好睇睇！

跟媽媽講：「Trick or treat！」

萬聖節好唔好玩？

BB 想甚麼
媽咪最明白

寶寶年幼，不懂以言辭表達自己，到底他們的思考世界是怎樣運作呢？媽媽快點隨來一窺究竟吧！

媽咪喺邊度？點解唔理我？我要出喊功喇！

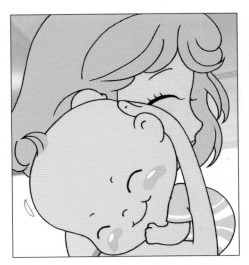

唔好埋嚟呀！我喊㗎！

嗚～　　　　　　～哇

陪伴孩子成長
每天輕鬆出行
Stay comfy and travel easy.

EUGENE**baby**花. EUGENE**baby**.COM

maxi-cosi.com

MAXI·COSI®

Spinel 360 旋轉汽車座椅
Spinel 360 Car Seat

We carry the future

媽媽化妝

B 女也要學

女人天生愛美，即使當媽媽後也不例外，故對各式各樣的化妝品趨之若鶩，希望能化出完美妝容。小朋友看在眼裏，會對化妝品有甚麼反應呢？

媽咪，點解你咁開心嘅？

呢個係爸爸畀我嘅力量，代表住愛！

111

為B搞生日

媽媽一頭煙

作為媽媽，當然想替寶寶籌辦一個盡善盡美的生日派對，留下開心回憶，但背後又有何種辛酸和掙扎呢？

老公，還有半個月就是寶寶的1歲生日，我們是時候開始準備他的生日派對！

115

我一定要替寶寶辦一個超級無敵的派對！

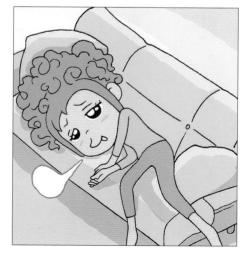

不如就這樣吧，已經很好了。

不可以，1歲生日會一生只有一次！

其實你就是他最佳的禮物！辛苦了！

完

污糟貓日

激發媽媽創意

媽媽通常會為寶寶準備很多衣服，除方便作配搭，更因他們經常會把衣服弄髒，成為「污糟貓」，頻需更換。面對這個煩惱，滿腔辛酸的媽媽會怎辦？

多謝各位蒞臨第一屆「媽媽科學家」頒獎典禮，荷花集團創立這個獎，目的是鼓勵各位媽媽發揮創意，開拓新天地。事不宜遲，我們現在立即頒發第一個獎項。

很感謝大會向我頒發此獎，我從沒想過「永淨衣」會這樣受歡迎。其實，這個獎最大的功臣是我家的寶寶，自小他就是個「污糟貓」，身上不是食物汁液，就是顏料。看到待洗衣物堆積如山，我又累又氣，卻因此得到「永淨衣」的靈感！

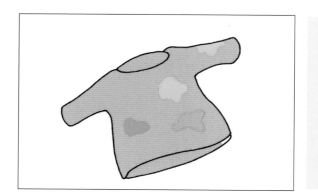

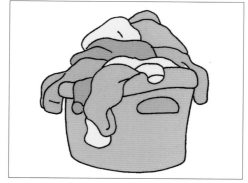

爸爸育兒

才知媽辛苦

　　媽媽照顧寶寶多是駕輕就熟，把所有事都做得妥妥當當。相形之下，爸爸就較少機會獨自照顧寶寶，到底「湊仔」這任務是否他們所想像般簡單？

偷懶爸爸

同 B 玩家務

　　為了提升小朋友的自理能力，很多爸媽都會讓他們嘗試做家務。但如果爸爸叫小朋友做家務的動機不純，會有甚麼後果呢？

我啲家出門口，你幫我手做吓啲家務。

唔想做家務，我想睇 F1 多啲。

爸爸，你喺度做緊咩呀？

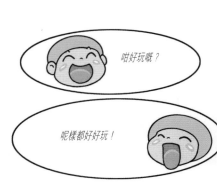

咁好玩嘅？

呢樣都好好玩！

超好玩呀！

原來呢樣最好玩！

老婆，我下次唔敢喇！

完

寶寶踢爆
爸爸壞榜樣

為人父母，除了希望寶寶快樂成長外，當然也不想寶寶養成壞習慣。但爸媽又會不會不小心犯下錯誤，反被寶寶撞破「惡行」？

唔准玩，睇壞眼！

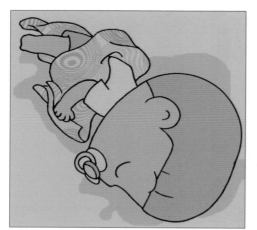

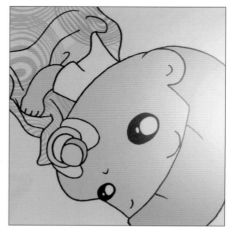

BB 出世後

爸媽變「龍友」

在爸媽的心目中，子女是世界上最可愛的小寶寶。他們的每個表情和動作，都值得用相機記錄下來，而且百看不厭。

10,000 張 BB 相

BB 的誕生，除了讓爸媽學到了怎樣照顧一個寶寶，現在還激勵他們學習專業的攝影技巧。

完

137

最強勢
「小三」

有人說，女兒是爸爸上輩子的情人，這輩子便成為最強「小三」，和「今世情人」媽媽決一高下！媽媽們，你們準備好了沒有？

我長大後要和爸爸結婚，永遠跟爸爸在一起！

我長大後要變成媽媽,便可以變靚!

咁乖,就同你「停戰」一日!

十五分鐘後…

玩完玩具要收拾好啊！你剛才説要當媽媽，頑皮的小朋友是做不到媽媽的！

爸爸！媽媽罵人很醜，我不要做媽媽啦！

孤軍作戰的悲哀，有誰懂……？

完

婆媳大戰
難為包青B

　　若要數天下間最矛盾的兩種人，奶奶和媳婦一定名列前茅。她們好比同極的磁石，互相排斥，摩擦爭執亦甚為平常。然而，她們在某方面卻非常的相似，就是一樣的疼愛寶寶。「婆媳大戰」中，恐怕只有寶寶能夠平息紛爭。

我奶奶不知就裏，胡説八道，她經常離間我和BB，請包大人明察！

奶奶一直教我，不要用糖果哄BB，否則容易引起蛀牙，但在1月24日，我竟然看到奶奶讓BB食糖，實在過份！

1月28日，BB哭得厲害，奶奶叫我不要馬上抱起BB，以免寵壞他；誰知她竟待我離開房間後，把BB抱起來。我奶奶言行不一，別相信她！

今次真是「青B難審家庭事」，惟有請當事人出來説説。

蠱惑日

最愛是誰？

「我愛你！」每位爸媽聽到寶寶的深情告白，無不會被「冧爆」，心花朵朵開。但當有人提到「最愛是誰」的問題，寶寶又會怎回應呢？

小日小狗
難捨難離

大家常說有兩種東西特別受人喜愛，一是寶寶，另一種就是小動物。
假如兩者同住一屋，又會產生甚麼化學作用呢？

寶寶，你過來
見見小白，
牠是否很可愛
呢？

151

我們要快點回家，因為我要和小白散步！

你忘記了小白的主人今天會回來嗎？牠只是暫待我們家兩個月而已。

嗚⋯嗚⋯

你們可隨時見面，感情不會因而減退的。其實，我發現你因照顧小白變得更具責任感，不如我們去領養一隻真正屬於我們家的小狗好嗎？

完

姐姐東西
弟弟要搶

年幼的弟妹正在發展認知，兄姊是他們的學習對象，兄姊在做甚麼、吃甚麼，他們都躍躍欲試，有時可能令兄姊感到厭煩。其實，這一切都是出於弟妹對兄姊的崇拜感！

你很煩呀！我喜歡甚麼你都要搶！

番茄很有益，姐姐要多吃點兒。

156

好呀，我最鍾意吃番茄了。

我要...吃...番茄。

好呀，全部都給你。

姐姐不用讓，我煮了很多，你和弟弟都有得吃。

完

157

弟弟出世

爸媽不錫我？

專家：林小慧 / 育兒專家

　　年幼的弟妹正在發展認知，兄姊是他們的學習對象，兄姊在做甚麼、吃甚麼，他們都躍躍欲試，有時可能令兄姊感到厭煩。其實，這一切都是出於弟妹對兄姊的崇拜感！

BB乖，爸媽喺度，唔使驚！

你大個仔啦！唔好成日喊得唔得？

點解細佬喊得，我唔喊得喎？

160

培養寶寶
自主用餐
Encourage your baby
to self-feeding

德國 LÄSSIG

100% Silicone
食品級矽膠製造

Little Chums
矽膠餐具系列
6m+

Silicone Tableware Collection

- 餐碗餐碟附有防滑吸盤
  Anti-slip silicone suction

- 可愛老鼠造型
  Cutie Mouse Character

- 容易清洗及消毒
  Easy to clean and sterilise

- 高溫耐熱
  Heat Resistance

矽膠圍兜口水肩
Silicone Bib

矽膠餐墊
Silicone Placement

矽膠餐碟
Silicone Plate

矽膠餐碗
Silicone Bowl

上堂過密

寶寶壓力爆煲

　　爸媽可能為了寶寶比別人優勝，而讓他們參加不同的學習班，將時間表排得密密麻麻，這樣有可能對寶寶造成壓力，令他們情緒「爆煲」。

163

165

大碼 B vs

細碼 B

專家：Eva Cheung / 資深助產士及嬰兒按摩師

很多爸媽口中常提及兩個詞：「大碼 B」和「細碼 B」，以此來形容寶寶的身形偏大或偏小。但何謂「大碼 B」和「細碼 B」，他們或不能直言定義。其實，同年齡的寶寶身形為甚麼會有如此大的差別呢？

寶寶出生時，如果其體重低於2.5公斤，會被定義為「細碼B」，若超過4公斤，則會被稱為「大碼B」。如爸媽想知道寶寶之後的生長情況是否合乎標準，其實可以參考嬰幼兒生長圖表，甚或直接將他們的體重輸入網頁＊，就能知道寶寶在每百人當中的體重排名：屬頭5名重的為「大碼B」；尾5名的便是「細碼B」。
*http://www.infantchart.com/

很多爸媽會疑惑，為何寶寶的身形會有如此大的差異？其實，原因有很多，包括寶寶的媽媽在懷孕期間的飲食習慣（過多或過少）和壓力多寡、有否吸煙、酗酒、濫用藥物等不良習慣、媽媽懷孕時的體重增長、有否患妊娠糖尿、妊娠毒血症或受到感染。以上種種原因皆會影響寶寶的身形，有機會導致偏大或小。

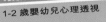

升呢做媽媽

前 後 大 不 同

專家：陳香君 / 聖公會聖基道兒童院服務總監

生兒育女可謂人生重大事件之一，俗語有云：「養兒一百歲，長憂九十九」，母親經歷懷胎十月，感受可謂特別深刻。從昔日的女兒角色，搖身一變成為媽媽角色，對女性的私人時間、興趣發展、工作分配等均有所影響。各位媽媽，你們為人母親之前，與成為媽媽之後，生活有甚麼大不同呢？

力氣

買咗好多嘢，好重。

10kg

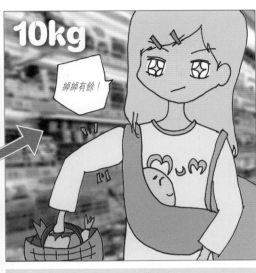

綽綽有餘！

購物

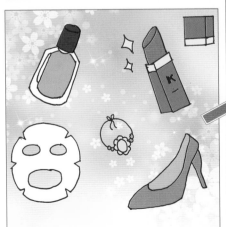

社交平台

腦容量

拍拖：40%
美食：30%
娛樂：20%……

湊 BB：90%
美食＋娛樂＋……：10%

專家診症室

平衡身心靈需要媽媽有計！

自孩子出世後，不少媽媽也會把全副精神投放在育兒之上，女性想平衡身心靈的需要，資深社工陳香君有以下 2 個建議：

❶ 角色轉變 調整心情 3 法則

- **時間分配**：母親於照顧孩子及兼顧自身興趣時，中間應取平衡點；不宜把所有時間全投放在孩子身上，亦不宜只顧自己的興趣，而覺得孩子麻煩。

- **生活目標**：母親掛念孩子是人之常情，但不宜把孩子變成生活中的唯一目標，而是應兼顧自身的工作、社交、興趣發展等。

- **接納限制**：育兒沒有方程式，母親於過程中可能會遇到種種不如意的時候，或是被親戚長輩怪責的情況，母親應接納自己的不完美，勿過份怪責自己。

❷ 兼顧心靈需要 3 方法

- **私人時間**：母親宜於每星期也安排屬於自己的私人時間，例如與朋友見面，或是只有夫婦二人進行的活動，如外出吃飯、看電影及做運動等。

- **建立支援網絡**：母親可參加媽媽會，認識其他育有差不多年紀孩子的媽咪，彼此分享育兒經歷；閒時亦可安排聚會，帶同孩子一起玩耍，擴闊社交圈子。

- **讓丈夫參與**：讓丈夫參與照顧孩子，即使覺得之後要替丈夫善後，也要給予空間讓丈夫多幫忙；夫妻應避免單打獨鬥，而是以隊友的方式彼此支持。

升呢做爸爸

前 後 大 不 同

專家：林瑞馨 / 循道衛理觀塘社會服務處家庭及學校服務督導主任

　　為人父母是件美好而開心的事情，男士們榮升做爸爸，相信與太太一樣，對家中增添了一個寶寶的未來生活，想必會充滿期待。但自孩子出生後，爸爸在家庭中的重心與個人角色，也與二人世界時大不相同。面對生活上的各樣轉變，爸爸們應如何調整心情？

買車

唱歌

娛樂

出街

專家診症室

升格做爸爸要調整身心

成為父親的真實感，通常要由寶寶出生的那刻開始，才能夠真正地感受。升格做爸爸後，各位父親面對生活上的種種轉變，可如何調整身心去面對？資深社工林瑞馨就此分享 2 大方法：

❶ 重新規劃優先次序

孩子出生後，爸爸可能會為了令家人生活得更好，而透過加班以賺取更多的金錢。林瑞馨表示，此想法和行動是出於愛，但在孩子的成長之中，父親的角色十分重要，爸爸不宜為了金錢而在子女的成長中缺席。小朋友對於富裕的生活，其意識不及大人般強烈，即使三餐只吃普通平淡的餸菜，他們也不覺得自己是吃苦。反而只要有父母的關心和陪伴，便能令他們在成長中感到被愛。與爸爸一起去玩耍，更會成為他們的美好回憶之一。

❷ 認識自身性格

男性對於表達自身的情感，通常不像女性般直白，或是傾向於選擇壓抑自己。林瑞馨指父親可嘗試回憶自己的成長中，對他們來說很重要的事情，從中能評估自己是屬於感性型或理性型的人。若是屬於感性型父親，在遇到壓力時，又不想開口說出感受，可嘗試透過文字、錄音等，向太太表達自己的辛苦之處。若屬於理性型父親，與太太相處時可減少教導太太如何處事，而是看到太太辛苦時，向她說聲「辛苦你了」，或能令太太有力量繼續應付事情，並提升夫妻關係。

177

搞生日會

夫妻搞出火

專家：歐陽俊明 / 葵涌（南）綜合家庭服務中心註冊社工

當小朋友出世後，孩子很容易會成為夫妻間的爭拗點。想為孩子搞個生日會，搞唔搞？點樣搞？相信也曾令不少夫妻出現爭執。開心事變成唔開心，當夫妻間意見不合，鬧得面紅耳赤時，該怎麼辦？

囡囡生日
1月17日

老公，囡囡生日就快到喇，今年生日會點搞好呀？

我想幫佢搞個大型生日會！

吓，又搞？不如今年一家人開開心心食餐飯就算。

唔得！囡囡生日咁大件事，一定要大搞，仲要請多啲同學仔嚟㗎呀！

生日會籌備中

陳太，記得下星期帶囡囡早啲嚟呀……

媽媽一邊忙搞生日會，一邊仲要做家頭細務。

180

專家診症室

討論差異易造成衝突

　　註冊社工歐陽俊明表示，其實夫妻朝夕相對，相處是一門高深的學問。而夫妻間的「不一致」本來就是常態，但真正造成衝突的原因，往往不是彼此間的差異，而是討論差異、面對衝突的方式。夫妻間只有不斷嘗試了解對方，好好溝通，才能令夫妻關係白頭偕老。

❶ 溝通的重要性

　　夫妻出現爭執在所難免，歐陽俊明表示當夫妻間有爭拗時，雙方應先深呼吸，讓自己冷靜下來，可嘗試降低聲浪及說話速度，避免令雙方的情緒互相牽引，同時亦可給予對方冷靜的時間。在冷靜時，也要問問自己為何這麼生氣？究竟為甚麼而生氣？生氣有用嗎？當雙方能夠溝通時，別忘了要進行「賽後檢討」；在溝通過程中，雙方都要聆聽和陪伴對方，尤其在回應時切忌批判對方，亦要明白和接受對方的困難，以及回應對方因爭執問題所引致的感受。人的關係越親密，就越容易產生衝突，夫妻間不要對對方有太高的期望，覺得自己即使不說，對方也會明白自己的感受，而且會無條件支持和幫忙自己。

❷ 夫妻關係不低於親子關係

　　不少人都說：婚姻是關係的終結，對此歐陽俊明表示並不認同。其實夫妻對於經營一段夫妻關係，要有一個概念，就是婚後不是關係和溝通的終結，而是另一個新開始。當一個家庭出現了孩子，或許不少作為父母的夫妻也會把專注力等，全都投放在孩子身上，而忽略了夫妻關係亦需要努力經營。其實孩子的出生是不會影響夫妻關係，夫妻不能將夫妻關係的重要性，老是低於親子關係或孩子的需要，夫妻間應要多考慮對方背後的心意，並為對方而着想。 完

BB仔出世

夫妻唔再甜蜜蜜

專家：王德玄／循道衛理觀塘社會服務處家庭及學校服務督導主任（註冊社工）

　　夫妻進入婚姻階段，尤其是有了小朋友後，二人的生活可謂起了重大變化。私人時間固然會因為照顧孩子而減少，就連夫婦二人彼此的交流時間，也可能因為孩子的緣故而較難製造像拍拖時的甜蜜空間。到底育兒與夫妻相處的時間，能否兩全其美？

結婚兩年，大文的兒子剛好6個月大。

整個家庭依舊十分忙亂。

又喊？

唔係吖嘛？

哇哇——

哇哇哇——

阿仔呀，嫲嫲就快嚟到，唔該你遲啲先喊啦。

咁搞法，今晚想睇場戲，都會凍過水。

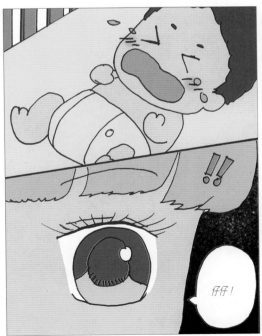

仔仔！

乖乖，做咩喊呀？等媽咪睇吓！

好想好似以前咁過返啲二人世界。

專家診症室

重拾夫妻溫馨相處 2 大妙法

　　不論是雙職母親抑或全職家庭主婦，由於忙着照顧子女而忽略另一半的情況並不罕見。資深社工王德玄就此提供 2 大方法，助夫妻之間建立親蜜關係：

❶ 每周家庭樂

　　俗語有云：「少年夫妻老來伴」，若在年輕時夫妻感情不能好好建立，容易在日後失去這位伴侶，故夫妻應多關心對方的生活、情感，避免過份聚焦在子女身上。孩子除了希望得到父母的關愛，亦希望看見父母相親相愛，建議夫婦之間可經過彼此商量，若大家也希望有共同活動的時間，可實行每周一次的二人家庭樂，請長輩或是家傭照顧子女，夫婦二人一起去行山、打波，或是去從前拍拖的地方，一起看電影、吃飯等，重拾昔日拍拖的感覺。

❷ 每天聊天 30 分鐘

　　即使彼此工作再忙碌，或是因照顧孩子而佔用大部份時間，亦建議夫妻之間每天至少抽 30 分鐘的時間聊天，內容可圍繞對方的工作、社會時事、家庭生活感想等，以了解對方的看法。有些時候，全職家庭主婦由於忙着照顧孩子，對於丈夫的工作、社會時事等，她們可能與生活的距離越來越遠，故夫妻每天花 30 分鐘的時間來聊天，有助拉近彼此距離。夫妻不用介意「冇特別嘢可以分享」，有時不需要特別的事情，甚至是一個笑話，也可互相分享。若因工作而忙得沒時間好好聊天，也可透過傳短訊、電郵等關心對方。　完

有了孩子

遺忘了爸爸

專家：鄭繼池 / 大埔浸信會社會服務處總經理

在華人社會，父親的形象通常予人較為沉着內斂，他們在家庭中默默付出、擔起一片天。但若然爸爸只顧在外打拼，較少參與育兒或親子活動，久而久之，他們會否成為家庭中不被重視的一員？各位爸爸每天努力為家人打拼，但回到家中，只能在旁看着太太與孩子的親密互動，自己可有覺得格格不入？

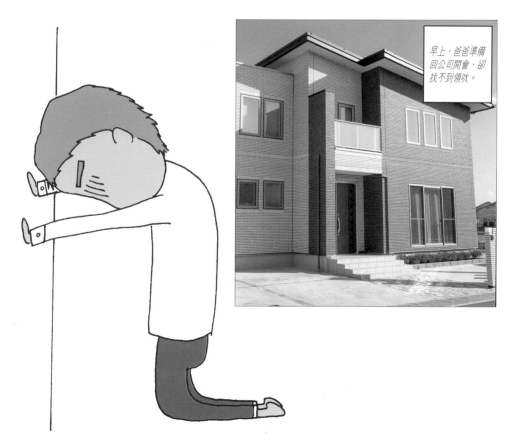

早上，爸爸準備回公司開會，卻找不到領呔。

老婆，我開會專用條領呔，你放咗喺邊度？

我噚日咪叫咗你同我準備囉！

衣櫃沒有

抽屜也沒有

呢條花花橡筋，襯晒今日參加運動會嘅造型。

距離出門的時間越來越近。

老……

媽媽一直留在女兒的房間，替她整理頭髮。

老婆，應吓我好唔好？

真係好靚呀！

我最鍾意媽咪同我紮辮。

187

老婆，可唔可以幫我搵條領呔，我每次開會都會打嗰條，急用㗎！

阿女要趕住出門去運動會，你自己搵啦！

……

但係我噚日同你講咗，話今日要戴喎！

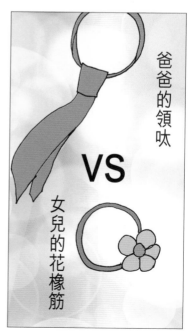

爸爸的領呔

VS

女兒的花橡筋

我喉屋企冇地位！

我唔記得你有講過……

梗係啦，你淨係掛住理阿女啲嘢！

專家診症室

健康家庭關係 爸爸要主動

雖然爸爸在外打拼，但在家中並不是可有可無，對於太太和子女而言，爸爸可以甚麼行動來增進彼此的關係呢？資深社工鄭繼池分享以下2大方法：

❶ 平衡家庭三角關係

在家庭之中，存在父、母、子女的三角關係，父親若於育兒方面顯得抽離，容易令太太感到吃力，並覺得只靠自己照顧孩子。若父親平日不刻意參與親子活動，孩子較難感到父親在家庭中的角色，對其成長中的性別角色認知概念，可能會造成角色定型。健康的家庭關係，應該是夫妻之間共同承擔彼此的生命，二人攜手承擔孩子的生命，讓孩子活於父母互動的愛之中，彼此包容及分享無條件的關愛。

❷ 主動做多一點點

爸爸的形象雖然是鐵漢子，但對於育兒的事情，可以主動地介入。例如看見太太與孩子玩耍，可主動地上前參與；周末時亦可帶孩子到戶外寫生、踏單車、打波及做運動等，建立親子關係。而太太除了忙於照顧孩子之外，宜多留意丈夫為家庭的付出。若是全職媽媽，可與孩子一同打電話給爸爸，問候他的工作是否辛苦；平日照顧子女時，亦可在孩子面前多說爸爸在外工作，是為了一家人而付出。若孩子重視媽媽，便會從她讚賞爸爸的說話中，對爸爸多了一份尊重和欣賞。完

Trouble 2

寶寶愛亂扔

專家：陳香君 / 聖公會聖基道兒童院服務總監

　　寶寶踏入 2 歲，進入 trouble 2 時期，其行為舉止與過往漸漸有所轉變，例如會喜歡測試大人的底線，甚至是挑戰父母。到底新手父母該如何處理這階段的幼兒行為問題？資深社工有辦法！

寶寶出世至今，剛好已經兩歲了！

看着他每天健康成長，媽媽感到十分開心！

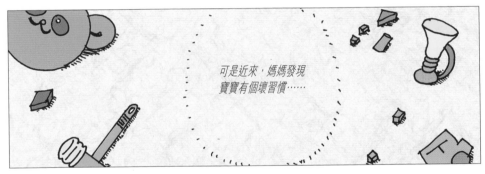

可是近來，媽媽發現寶寶有個壞習慣⋯⋯

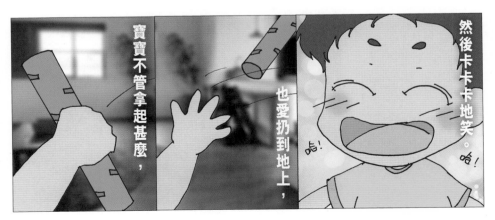

寶寶不管拿起甚麼，

也愛扔到地上，

哈！

然後卡卡卡地笑。哈！

有一天，

No！唔可以咁曳曳㗎！

媽媽向寶寶説過許多次，可是他仍會扔東西。

正值小表姐來家裏玩耍……

寶寶拿起膠杯便往前扔，

正好打中小表姐的額頭。

雖然小表姐沒有受傷，但額頭卻腫了起來。

唉！點算好？返 PN 班時，若果扔東西打親同學，就大件事啦！

當媽媽發現時，已是小表姐哇哇大哭之際。

專家診症室

寶寶反叛期 2 大處理方法

寶寶踏入 2 歲，資深社工陳香君指這是他們人生經歷第 1 次反叛期，他們會開始覺得自己已經長大了，希望透過行為測試來挑戰大人的反應。面對家中寶寶踏入這個階段，陳香君有以下 2 大處理方法：

❶ 制止壞習慣

在 trouble 2 階段，寶寶可能愛上扔東西、打大人，有些長輩或父母覺得他們的舉動很有趣，在被打時會禁不住笑。此舉會令寶寶無法從中認識這是不對的行為，甚至會將它變為習慣，長大後甚至會演變至打同學。故此，當寶寶做出不合理的行為時，不管看起來有多可愛，大人也不應以笑回應，而是應嚴肅認真地說：「不可以！」並做出難過或痛等與其行為相應的表情，作為幼兒的學習指標。若寶寶愛亂扔東西，父母應請他們自行拾起被扔物。另外，這段時期，幼兒的記憶、對事物的聯貫能力較弱，父母需重複作出提醒，他們才能慢慢記住。

❷ 給予後果

若幼兒過了 2 歲，仍出現扔東西的行為，他們很大機會已形成了壞習慣。此時，家長可透過以下 3 種方法，慢慢糾正孩子：

- **訂立規則**：家長應事先教導幼兒何謂把東西放好，並告訴他們不可亂扔東西，否則會有相應後果，例如會扣星星、不能吃喜歡的食物 1 次等。
- **參考實例**：當出席有其他幼兒在場的場合，家長看到其他孩子有良好行為時，可對他們加以稱讚，令自家寶寶可學習其他孩子被稱讚的行為。
- **時事新聞**：家長可藉新聞告訴幼兒，亂扔東西到街外，有機會會弄傷別人，對方或有需要入院，令幼兒知道這種行為是危險的而不會做。

兄妹爭玩具

媽媽好頭痕！

專家：陳香君 / 聖公會聖基道兒童院服務總監

家長想年幼的兄弟姊妹能和睦相處，從來不易，他們應如何化危為機，能公平地處理兄弟姊妹間的爭執之餘，又可藉此教導孩子和睦相處呢？

妹妹，你做咩搶咗哥哥個玩具呀？

喂！畀番個機械人我呀！我玩緊先㗎！

我都好想玩吓呀！

哥哥，你不如讓吓妹妹啦，佢細個嘛！

媽咪，你偏心！

咁妹妹你畀番件玩具哥哥先，佢玩完再畀你玩啦！

專家診症室

寶寶反叛期 2 大處理方法

寶寶踏入 2 歲，資深社工陳香君指這是他們人生經歷第 1 次反叛期，他們會開始覺得自己已經長大了，希望透過行為測試來挑戰大人的反應。面對家中寶寶踏入這個階段，陳香君有以下 2 大處理方法：

教導適當的行為

兄弟姊妹間的相處，吵架、爭玩具是經常都會出現的情況。對於年長孩子被弟妹搶了玩具，媽媽沒有先阻止弟妹的行為，反之要兄姊禮讓弟妹，小朋友覺得媽媽偏心也不無道理。陳香君表示，家長應先教導年幼子女不可以有搶東西的行為，因這不是一個適當的行為。其實父母在小朋友約 2 至 3 歲時開始，已可灌輸這個概念給孩子，也可以讓年長子女變回理智。

搶玩具＝剝削行為

兄弟姊妹間的相處因爭玩具而吵架是在所難免，但陳香君表示這都是有方法可以避免的。在購買玩具前，家長應先與孩子說清楚，哪件玩具是屬於兄姊，哪件玩具是屬於弟妹，而他們便是那件玩具的物主，給他們灌輸物主的概念。父母亦應教導子女，要有尊重物主的觀念。因為對小朋友來說，擁有一件玩具是一種安全感，別人搶走自己的玩具，對他們來說是剝削行為，讓他們失去安全感。所以，作為父母應教導子女，物主是有權利不讓出玩具。而家長也要有一個概念需釐清，便是「大讓小、男讓女」的觀念，是錯誤的，因大的孩子不一定就要遷就小的。

灌輸協商概念

對於子女吵架，父母有時也會感到不耐煩。但其實家長可慢慢給子女灌輸協商的概念，當然也要視乎子女的年齡多大，以及視乎事發場景、孩子的反應而決定。開始時，父母可邀請兄姊和弟妹一起玩，並坐在一旁與他們一起玩。當他們開始有爭執時，父母便可以適當地介入，作一個中間人，去協助雙方表達自己的想法；同時也讓他們知道父母的想法，並不是偏幫哪一個，而是想教導他們兄弟姊妹間該如何相處，例如玩具可玩多久便要還給對方、玩具要對方願意借出才能取等，建立借取的觀念。 完

呷醋哥哥

媽媽點安撫？

專家：廖李耀群 / 香港基督教服務處 Pario 教育服務主任

現今家庭的孩子多數是獨生子女，有時候家長為了讓家中再熱鬧一點，或是讓孩子有手足陪同一起成長，便會決定生第二位寶寶。但現實總是令人意想不到，大孩子可能會因為小孩子的出現而變得愛呷醋、爭寵，其行為令家長十分無奈。

整個晚上，媽媽也陪他玩耍。

原本相安無事，
但房中的弟弟突然大叫起來。

媽咪要睇吓細佬咩事。

繼續陪我玩車。

疏導呷醋王 2大法寶

手足之間無法友好相處，甚至爭寵，背後有不同的原因。若家中孩子們出現這種情況，資深社工李耀群有以下2個建議：

❶ 了解孩子情緒

李姑娘表示，較年長的孩子因呷醋、爭寵而故意「搞亂檔」，通常是因為原本萬千寵愛在一身的自己，因弟妹出世而被「分薄」；而與弟妹相處之中，較年長的孩子要與他們分享自己的「財產」，例如心愛的玩具，令較年長兄姊不滿；又或是弟妹喜歡與較年長孩子玩，但令他們感到「黐身」、愛「搞亂檔」；若弟妹處於初生幼兒階段，容易哭泣，需要大人時常照顧，較年長孩子會感到煩厭等。故此，家長在處理孩子之間的問題時，宜先了解孩子不喜歡弟妹的原因，再對症下藥，幫助他們建立融洽的關係。

❷ 製造一起玩耍的機會

若較年長的孩子因被「分薄」了關注而不喜歡弟妹，家長可留意自己有否分配時間，專心一意地與他們相處，例如陪玩、講故事時，該段時間只關注他們，令他們感到父母依舊重視自己；若較年長孩子因要分享玩具等，而不喜歡弟妹，家長要先明白孩子的感受，不要一開始就責罵為何不讓弟妹玩，否則會令孩子無法釋懷。家長可為二人製造一起玩耍的機會，例如讓較年長的孩子選擇，讓弟妹玩甚麼玩具。平時家長可多向較年長的孩子說有弟妹的好處，例如不會那麼悶、一起玩會開心點等，營造和諧的家庭氣氛。 完

仔女駁嘴

爸媽好勞氣！

專家：彭安瑜 / 香港聖公會麥理浩夫人中心家庭活動及資源中心家庭生活教育部門主任

　　小朋友年紀漸大，開始有自己的主見時，各位家長有沒有試過被子女的說話激親？或是孩子步入反叛期，駁嘴駁舌的情況越來越多，甚至向父母說出頂撞的說話，譬如「你好煩」。此時各位家長又會如何應對？

晚上 7 時

吃晚飯前，小廣一直在吃零食，

令媽咪十分生氣。

就嚟開飯啦，咪講咗唔好食零食囉！

雖然小廣回應了媽咪，但依然沒有停下來。

哦！

晚晚都係咁，食正餐時又話冇胃口！

應承咗我仲食？快啲停！

你話「就嚟」食飯，即係未食得啦！

冇胃口係因為啲餸唔好食。

你煮啲我鍾意食嘅餸，我就有胃口㗎啦！

203

知、知道！

爹哋，你過嚟評吓理啦！

阿仔，你要聽媽咪講，同埋唔好駁嘴。

你講多次！

仲食埋花生，，我都係有樣學樣咋！

點解你食飯之前可以飲啤酒？

唉！唔公平，有口話人，冇口話自己。

啩家啲大人真係專制。

我都係為你嘅健康着想咋！

啩家唔係唔畀你食，係要你唔好食飯前食啫！

好鬼煩……

專家診症室

愛駁嘴孩子 注意 3 建議

隨着子女年紀漸長，對事情開始有自己的看法，家長在處理他們的意見時，資深社工彭安瑜有以下 3 大建議：

❶ 反思是否有雙重標準

家長在教導子女或就某件事情討論看法時，孩子不一定完全認同父母的意見，此時家長可注意子女表達自己的意見，到底是否為駁而駁？抑或是自己所說的話，其實自己在日常生活中也是無法做到？若家長未能以身作則，子女通常較難接受家長的說法。但若子女是為駁而駁，家長宜平心靜氣地向子女表達意見，大家是冷靜地討論問題，並引導子女以理性表達意見。

❷ 了解子女是否不明白

有些時候，孩子問父母「為甚麼我要照做？」時，他們可能不是存心挑戰，而是不明白父母說話背後的原因，於是才接二連三地提出問題。孩子漸漸長大，在不同事情上開始有自己的主見，不一定完全認同家長所有的意見或建議。此時家長可在溝通上給予孩子多點選擇，了解子女的想法；而不是說：「我想你照做，不要問那麼多」，令子女覺得父母獨裁，影響日後的溝通。

❸ 接受孩子已經長大

每個人也會經歷獨立、有自己的想法、想靠自己探索更多可能性的時候。即使是大人對於自己父母的意見，亦不一定全盤接受，孩子的情況亦是相同。但這不代表子女完全反對父母的說話，而是雙方的意見可以共存。家長應持開放的態度多與子女討論，先聆聽孩子的見解。有時候，子女的想法可能會更貼合他們的狀況，或是他們不滿足於事情只有一個答案，家長可藉着事件訓練孩子的自主性，以及多角度思考，以輕鬆的態度討論問題。🈡

狂躁小日

家長要識疏導

專家：容幗欣 / 聖公會聖基道兒童院健苗軒中心主任

　　小朋友性格各異，有些較文靜，有些則比較活潑；但若家中孩子的性格容易衝動，較難控制自己的情緒，對於家長來説，恐怕亦是相當頭痛。究竟怎樣才能教導孩子控制自己的情緒？若小朋友按捺不住想出手打人，家長有甚麼方法可以糾正這種行為呢？

星期三下午，小輝媽咪收到班主任的電話。

教員室

要求她盡快到學校面談。

班主任，我係小輝媽咪。

小輝係咪又闖禍？

小輝媽咪，小輝今次唔止發脾氣，

佢仲用筆盒打同學個頭，畀人投訴。

同學

當時情況

哈哈，點解小輝你咁矮嘅？

我唔矮！

我見到你上體育堂打籃球時，射唔入籃，一定係太矮啦！

你竟然咁夠膽笑我，豈有此理！

啊！好痛呀！

哼！

207

小輝已經唔係第一次咁衝動。

佢好易發脾氣，我都阻止唔到佢。

佢平時喺屋企係咪一樣？

爸爸喺屋企時會好啲。

小輝！

細佬，你唔問我就攞我啲玩具！

我踩爛佢，都唔借畀你玩！

點解捉棋我會輸？我至憎就係輸！

你哋唔鍾意我，我都唔鍾意你哋！

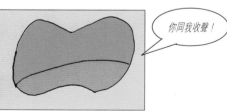

你同我收聲！

你再敢講多次，我就打死你！

3 招疏導 易怒孩子

孩子性格衝動，容易動手打人，通常會較不受歡迎。健苗軒中心主任容幗欣表示，長遠而言會影響孩子的自信心和滿足感，家長在教導脾氣暴躁型的孩子時，應遵從以下 3 招來疏導孩子的情緒，如下：

❶ 找出情緒失控導火線

家長宜從日常生活中，找出容易令孩子情緒失控的導火線，例如是關於遊戲輸贏、遺失物品、弄爛了玩具等。然後在孩子心情平靜時，一起找出預防情緒失控的方法，例如是減少參與競爭性活動，改為多玩協作性遊戲，以減低衝突機會。孩子從情緒平復至爆發時，是有進程的。家長可教孩子留意自己的情緒，若感到越來越生氣時，便教他們要離開刺激源頭，或找其他大人幫忙。

❷ 運用正確的情緒宣洩方法

孩子也有情緒，如憤怒、失望等，家長應接受而不應抑壓。但對於情緒宣洩的方法，例如打人、搗亂等行為，卻需要制止。家長可教導孩子若感到生氣時，可嘗試深呼吸、拍枕頭等。平日亦可透過 EQ 故事，從不同角度介紹處理情緒的方法，令孩子明白不是只有發狂，才能宣洩情緒。

❸ 4 大應對原則

家長若看見孩子即將動手時，可以教導他們運用 4 個應對原則，如：

❶ 教導孩子反映情緒：「我知道現在你很生氣 / 憤怒 / 難受。」

❷ 告訴他們底線：「但你不可以推人 / 打人 / 整親人。」

❸ 教導正確的處理方法：「你可以找爸爸媽媽 / 老師 / 大人幫忙。」

❹ 預告結果：「若你打人的話，你需要承擔（後果）。」 **完**

孩子性好奇

專家：張芷華 / 香港明愛註冊社工

小朋友的腦袋充滿各種對性的疑問，每當向父母發問時，常常會令父母面有難色。到底家長應如何回應孩子的性好奇呢？

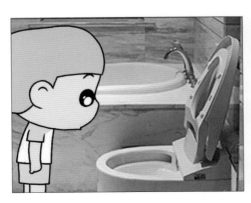

211

專家
診症室

培養有問必答的態度

家長在回答孩子有關性的問題時，需留意自己的態度。註冊社工李太表示，家長應先要肯定孩子願意提問的好奇心，回答時不要害羞臉紅，並抱持平常心坦然地作答，就像平時與孩子談天時一樣。而家長要明白孩子提問是因為好奇，若家長能培養出有問必答的態度，便能促進親子關係。因為孩子年紀越大，對「性」會有着越多的好奇心和疑問，如家長能回答孩子的問題，便能給予孩子一個開放及正面談性的環境，令他們建立出安全感。那麼子女不論在孩童期或青春期，假如遇到任何問題或抉擇時，他們自會知道父母是可傾訴及尋求建議的對象，會主動向父母請教。

運用媒體教育

若孩子湊巧在電視中看見主角有些親密行為，有些家長會急忙換台，避免讓孩子看見。其實，家長應如實地告訴孩子，這一切行為都是正常的，因為他們是相愛，孩子就會坦然接受這個現實。若孩子的年紀稍大一點，家長便可以與他們討論，劇中主角是不是喜歡對方就可以這樣做？喜歡一個人還有甚麼表達方式？家長亦可以教育子女，親吻只可對喜歡的人才可以做，且不可以隨便對任何人作出親密行為。

善於聆聽 勇於分享

在資訊發達的社會，現今性的信息充斥着四周，令不少孩子難免會對性產生好奇，所以家長宜細心聆聽孩子的問題，盡量給孩子說話的機會，引導他們說出內心的疑問。即使遇到不懂如何回應時，家長也可勇於回答「不知道」，但可邀請孩子一同尋找答案，而不是避而不談。父母亦可勇敢地向孩子分享自己小時候對性、對男女孩身體上的好奇等，讓孩子明白自己有好奇也是很正常的。李太表示，孩子有時候會問「為甚麼我沒有跟哥哥 / 姐姐一樣的東西」時，家長可告訴他們性器官的正確名稱，如睪丸、陰莖及陰部等，讓孩子知道男生和女生的身體差異，女生和媽媽一樣，男生則和爸爸一樣。當孩子知道有認同自己的對象後，便會較安心地接受自己的性別角色。 完

孩子 hea 爆暑假

家長有乜計？

專家：黃邦莉 / 香港家庭福利會註冊社工

　　小朋友浪費時間，是家長們最為看不過眼的事情之一。其實暑假是孩子在一年中最長的假期，確實有很多的時間讓孩子們自由發揮，但同時亦是培養他們時間觀念，學習時間管理的良好機會，到底家長可如何教導孩子好好運用時間呢？

各位同學，明天就放暑假啦！

仔仔，你自己計劃下放暑假做咩好？

知喇！

凌晨時份

仔仔，你自己計劃下放暑假做咩好？

每日都瞓到日上三竿先起床

然後坐喺沙發睇電視

跟住就係打機

仲要打到好夜都唔願瞓覺

216

專家診症室

與孩子一起計劃時間表

暑假應該是屬於孩子的，但悠長假期也不應虛度，家長應與孩子一起計劃，度過一個充實的暑假。一般來説，當家長問孩子「你的暑期計劃是甚麼？」他們可能會一下子説不清。因為孩子對「計劃」兩個字沒有太多概念，家長亦不應一下子就將決定權交予孩子自己計劃。家長宜跟子女在放暑假前商量，將孩子想玩和想做的，不管是學習還是遊玩，平均地分配好，讓孩子學習善用時間。

別用指摘的態度

如果家長像漫畫中的媽媽一樣，已經給予小朋友自行計劃的自由，那麼家長在面對他們沒有妥善管理時間時，宜先冷靜下來，不要用指摘的態度，因為指摘只會令孩子感到反感和不滿，影響親子關係。因此，社工黃邦莉建議家長可以在孩子進行活動前，便商量好活動，如會玩多久、會否有其他事情選擇想做等，讓孩子知道做每件事情都是有時間限制。

不同階段 做法不一

若家長希望小朋友能夠學習計劃自己的時間表，黃邦莉表示不同年齡的孩子會有不同的處理方法。對於幼稚園和初小階段的小朋友，家長可利用圖像法，如運用貼紙或畫畫，來代表一些活動；每個活動約進行 1 至 2 小時，使孩子更易理解在甚麼時間便做甚麼活動。

至於高小階段的小朋友，由於已開始進入反叛期，而且每個孩子的性格和做事取向都不一樣，那麼家長應事先與他們相討有沒有甚麼事情，是他們想在暑假時做的，或是上哪類型的活動班。父母亦可給予選項讓孩子選擇，因為家長控制度越低，小朋友能夠跟隨時間表來完成事情的機會便越高。當家長與孩子雙方都同意時間表是如此計劃後，便可給予孩子空間，放手讓他們嘗試遵循。 **完**

拜年搞搞震

家長點拆解？

專家：陳香君／聖公會聖基道兒童院健苗軒服務總監

　　農曆新年又到了，相信各位家長都會帶孩子四出到親戚朋友家拜年，但如果孩子拜年時搞搞震，做出不禮貌的行為，必定會令家長尷尬又苦惱。面對這個情況，家長可以怎樣做？

220

專家診症室

鼓勵正面行為

寶寶踏入2歲，資深社工陳香君指這是他們人生經歷第1次反叛期，他們會開始覺得自己已經長大了，希望透過行為測試來挑戰大人的反應。面對家中寶寶踏入這個階段，陳香君有以下2大處理方法：

❶ 事前預告及綵排

家長要和小朋友做事前預告，讓他們知道會到哪一位親友家拜年，到時會有甚麼事情發生，以及小朋友該如何回應。但較年幼的孩子可能未必能夠想像到當時的情景，家長便可以跟孩子進行角色扮演遊戲，指導孩子正確的禮儀，如要對長輩説恭賀説話等，孩子通常都會覺得很有趣，並願意遵從。家長更可以進行角色互換，由父母扮演孩子，孩子則扮演長輩，家長可以刻意模仿一些不合宜的行為，如在接利是後立刻跑走，再詢問孩子的感受，讓孩子明白如果他們這樣做會令人感到不高興，從而減少出現這些行為。部份較為衝動或記性較差的小朋友，容易忘記家長的提點，家長可設計一些手勢，若孩子在拜年時出現不合宜的行為，便做出這個暗號，藉以提醒孩子。

❷ 多鼓勵不勉強

有時候，孩子並非刻意搗蛋，而是因為害羞才不願意跟不熟悉的長輩打招呼或説謝謝。面對這些情況，家長可以給予孩子一些時間適應環境，並陪在孩子身旁鼓勵他們。當孩子與親友熟絡後，通常都會肯與他們交流。有些孩子也會因為不能控制自己而做出某些行為，如因為太想吃糖果而自己拿全盒的糖果吃，這時家長應先制止孩子的行為，然後解釋給孩子聽，在未得到別人同意的情況下，去拿別人的東西，是不禮貌的行為，繼而從旁鼓勵孩子詢問親友是否可以讓他們吃糖果。陳香君提醒家長不宜在眾人面前責罵孩子，而是事後作出跟進，讓孩子明白禮貌的重要性。

媽媽 vs 寶寶
食物捉迷藏

絕大部份的寶寶都愛吃，但因年幼，很多食物都不適合多吃。面對這樣的「貪吃鬼」，偶爾嘴饞的媽媽可怎樣避開其雷達呢？